Beobachtungsbuch
für markscheiderische Messungen

herausgegeben von

G. Schulte und W. Löhr

Markscheider der Westf. Berggewerkschaftskasse und
ord. Lehrer an der Bergschule zu Bochum

Vierte, verbesserte und vermehrte Auflage

Mit 18 Textfiguren
und 15 ausführlichen Messungsbeispielen
nebst Erläuterungen

Springer-Verlag Berlin Heidelberg GmbH
1922

Alle Rechte vorbehalten.

ISBN 978-3-642-51251-3 ISBN 978-3-642-51370-1 (eBook)
DOI 10.1007/978-3-642-51370-1

Buchdruckerei Wilhelm Stumpf, Kommanditgesellschaft, Bochum.

Vorwort zur vierten Auflage.

Die vorliegende vierte Auflage des vom Markscheider Dr. Mintrop begründeten Beobachtungsbuches ist von den Unterzeichneten nach dem Ausscheiden des bisherigen Verfassers aus seiner Tätigkeit an der Bochumer Bergschule neu bearbeitet worden. Die Anordnung des Stoffes ist im wesentlichen die gleiche geblieben wie bei den vorhergehenden Auflagen. Hinzugekommen sind in den Abschnitten II und III einige einführende Bemerkungen über „Einteilung und Zweck der Messungen" sowie über „Auswahl und Festlegung der Meßpunkte und Meßlinien". Ferner wurde der Abschnitt V, „Winkelmessungen", in dem früher nur Messungen mit dem Theodolit behandelt waren, durch die für den Unterricht als Einführung dienende Winkelbestimmung mit der Winkeltrommel ergänzt und ein Messungsbeispiel für Satzbeobachtung beigegeben. Die Flächen- und Gebäudeaufnahmen sind in Abschnitt VI als „Lageaufnahmen" zusammengefaßt. Für die „Polygonmessung" ist ein besonderer Abschnitt VIII mit Beispiel eingefügt worden. Die Höhenmessungen wurden in die Abschnitte „Trigonometrische Höhenmessungen" (IX) und „Nivellements" (X) eingeteilt, wobei ersterer eine Unterteilung in „Gradbogenmessung" und „Höhenwinkelmessung mit einem Theodolit" fand, während bei letzterem eine Trennung in „Festpunktnivellement" und „Längennivellement" mit entsprechenden Messungsbeispielen erfolgt ist.

Der Text der Erläuterungen zu den einzelnen Meßverfahren erfuhr teilweise eine Abänderung und Vervollständigung. Auf Fehler der bei den Messungen benutzten Instrumente ist nur hingewiesen worden, wenn dieses unumgänglich notwendig war; von einer Beschreibung der Prüfungs- und Berichtigungsverfahren wurde jedoch gänzlich abgesehen.

Bochum, im April 1922.

G. Schulte. **W. Löhr.**

Inhaltsverzeichnis.

	Seite
I. Allgemeine Grundsätze für die Führung des Beobachtungsbuches	5
II. Einteilung und Zweck der Messungen	6
a) Lagemessungen	6
b) Höhenmessungen	6
III. Auswahl und Festlegung der Meßpunkte und Meßlinien über und unter Tage	6

Lagemessungen.

	Seite
IV. Längenmessungen	7
V. Winkelmessungen	15
a) Winkelmessung mit einer Winkeltrommel über Tage	15
b) Winkelmessung mit einem einfachen Theodolit	22
c) Winkelmessung mit einem Wiederholungstheodolit	35
VI. Lageaufnahmen (Kleinaufnahme)	44
a) Flächenaufnahme	45
b) Gebäudeaufnahme	52
VII. Kompaßmessungen	62
a) Bestimmung der Deklination an einer Orientierungslinie	62
b) Kompaßzug in der Grube	63
VIII. Polygonmessung	77

Höhenmessungen.

	Seite
IX. Trigonometrische Höhenmessungen	86
a) Gradbogenmessung	87
b) Höhenwinkelmessung mit einem Theodolit	97
X. Nivellements	105
a) Festpunktnivellement	106
b) Längennivellement	116
XI. Aufnahme von Gebirgsschichten	127
XII. Verschiedene Aufgaben	137

I.
Allgemeine Grundsätze.

Bei allen Messungen sowie bei der Führung des Beobachtungsbuches sind folgende Grundsätze zu beachten:

1. Prüfe vor jeder Messung das zur Verwendung kommende Meßinstrument oder -gerät auf seine Richtigkeit.
2. Wiederhole jede Messung mindestens einmal, denn nur so schützt man sich vor groben Fehlern. Das Ergebnis einer Doppelmessung ist genauer als das einer einfachen Messung.
3. Schreibe so, daß jedermann Schrift und Zahlen lesen kann, denn die Messung ist vergebens ausgeführt worden, wenn die Ergebnisse nicht zu entziffern sind.
4. Bezeichne Zeit, Ort und Zweck der Messung so, daß jeder Sachverständige sich ohne weitere Nachforschung zurechtfinden kann.
5. Entwerfe von allen Aufnahmen eine deutliche Handzeichnung, denn dadurch wird die Uebersichtlichkeit erhöht und die Verwertung der Beobachtungsergebnisse bedeutend erleichtert. Vergiß nicht, in der Handzeichnung die Nordrichtung einzutragen.

II.
Einteilung und Zweck der Messungen.

a) Lagemessungen.

Durch Lage- oder Horizontalmessungen sollen im allgemeinen ermittelt werden:

Länge und Richtung der Meß- oder Aufnahmelinien, Lage der Meßpunkte und im Anschluß hieran Lage, Größe und Form der Gegenstände über und unter Tage.

Dieses Ziel wird durch Anwendung eines geeigneten Meßverfahrens, das sich immer aus einer bestimmten Längen- und Winkelmessung zusammensetzt, erreicht. Folgende Meßverfahren sind gebräuchlich:

1. Die Polygonmessung mit anschließender Lage- oder Kleinaufnahme über Tage bezw. mit Einmessung der Einzelheiten in der Grube;
2. die Kompaßmessung (mit Stativkompaß über Tage, mit Hängekompaß in der Grube).

b) Höhenmessungen.

Die Höhen- oder Vertikalmessungen haben die Aufgabe, die Höhenlage der Gegenstände über und unter Tage zu ermitteln. Bei diesen Messungen werden die Höhenunterschiede zwischen zwei oder mehreren Punkten festgestellt und danach die Höhenzahl (Abstand vom Meeresspiegel) errechnet. Es werden folgende Meßverfahren angewandt:

1. das direkte Höhenmessen z. B. bei der Schachtteufenmessung,
2. das trigonometrische Höhenmessen z. B. bei der Gradbogenmessung,
3. das geometrische Höhenmessen oder das Nivellement.

III.
Auswahl und Festlegung der Meßpunkte und Meßlinien über und unter Tage.

Vor Ausführung einer Messung werden zunächst Festpunkte, deren Verbindungslinien bei der **Lagemessung** Meß- oder Aufnahmelinien darstellen, ausgewählt und über Tage durch in den Boden eingelassene Steine, Pfähle oder Rohre, unter Tage durch Ringeisen festgelegt, die in Stempel, Kappen oder in besondere Holzpflöcke in der Firste eingeschlagen werden. Die Sichtbarmachung dieser Punkte erfolgt über Tage durch lotrecht aufgestellte Fluchtstäbe, unter Tage durch eingehängte Lote, die mittelst Lampen beleuchtet werden.

Als Festpunkte der **Höhenmessung** finden Bolzen Verwendung, die über Tage an Gebäuden, Mauern oder besonderen Steinen angebracht, in der Grube in die Streckenstöße eingelassen werden. Daneben werden über Tage noch Treppenstufen und Mauersockel, unter Tage Ringeisen in der Firste und die Schienenoberkante der Förderbahn (S. O.) als Höhenpunkte benutzt.

IV.
Längenmessungen.

Gebraucht werden: Stahlmeßband, Zollstock, ferner 2 Richtstäbe, Zählnadeln, Fluchtstäbe über Tage und Lote, Lampen, Nägel unter Tage.

Verfahren: Die Längenmessung erfolgt durch Aneinanderreihen des Längenmeßwerkzeuges in der Regel auf dem Boden bezw. der Sohle. Das Stahlmeßband wird in der Richtung der Meßlinie ausgespannt, der Nullpunkt der Teilung mit dem Anfangspunkt der Linie zur Deckung gebracht und am Endpunkte des Bandes ein Zeichen (Zählnadel oder Nagel) hinterlassen. Darauf rückt das Band um seine Länge vor, der Anfangspunkt wird an das Zeichen gelegt, der Endpunkt der zweiten Lage bezeichnet usw. Beim Endpunkte der ganzen Meßlinie liest man am Bande auf Meter und Dezimeter ab, die überschießenden Zentimeter und gegebenenfalls Millimeter werden mit dem Zollstock gemessen. Anfang und Ende der Linie müssen hierbei in der Grube von der Firste durch Lote auf die Sohle übertragen werden. Beim Ausspannen des Meßbandes ist darauf zu achten, daß es straff angezogen wird und nirgendwo anliegt, weil man sonst eine zu große Länge erhält. Auch ist auf genaue Einhaltung der geraden Richtung bei dem Aneinanderreihen der verschiedenen Meßbandlagen zu achten. Dieses Einrichten wird über Tage mit den beiden Richtstäben, unter Tage mit Lampen bewirkt. Hat man sehr lange Linien, so werden vor der Messung Punkte zwischengeschaltet, die über Tage durch Fluchtstäbe, in der Grube durch Lote bezeichnet werden. An einer gut ausgefluchteten Linie müssen sich alle Stäbe bezw. Lote decken.

Bei der Messung mit freischwebendem Bande, die hin und wieder in der Grube Anwendung findet, unterstützt man zweckmäßig die Mitte oder mehrere Punkte des Meßbandes, da sonst infolge des Durchhanges eine zu große Länge abgelesen wird.

Für genaue Messungen sind die Längenänderungen des Stahlmeßbandes, die durch Temperaturwechsel, verschieden starke Spannung oder das eigene Gewicht hervorgerufen werden, zu berücksichtigen.

Werden über Tage in geneigtem Gelände oder unter Tage in geneigten Strecken f l a c h e Längen gemessen, so sind auch die Neigungswinkel dieser flachen Längen mit einem Neigungsmesser (Gradwage, Gradbogen, Höhenkreis des Theodolits) zu bestimmen, um die söhligen bezw. seigeren Längen ermitteln zu können.

Beispiel:
Datum: *26. Mai 1911, Vormittags.*

Ausführliche Angabe der Örtlichkeit der Messung
(Zeche, Schacht, Tiefbausohle, Abteilung, Flöz oder Lage über Tage)
Constantin der Grosse I/II. 5. Tiefbausohle nördl. Hauptquerschlag.

Aus P. M. 85, in der östlichen Grundstrecke Flöz 7

Gemessen		Abgelesene Länge m		Mittel aus beiden Messungen m
von Punkt	nach Punkt	bei der I. Messung	bei der II. Messung	
P.M.85	86	108,127	108,121	108,124
,, ,, 86	87	135,602	135,618	135,610
,, ,, 87	88	101,004	100,993	100,998
,, ,, 88	89	112,435	112,445	112,440

Name des Beobachters: *Wilhelm Knepper.*
Benutzte Geräte: *20 m Stahlmessband von Raschke No. 2193, Zollstock.*

Bemerkungen und Handzeichnung.

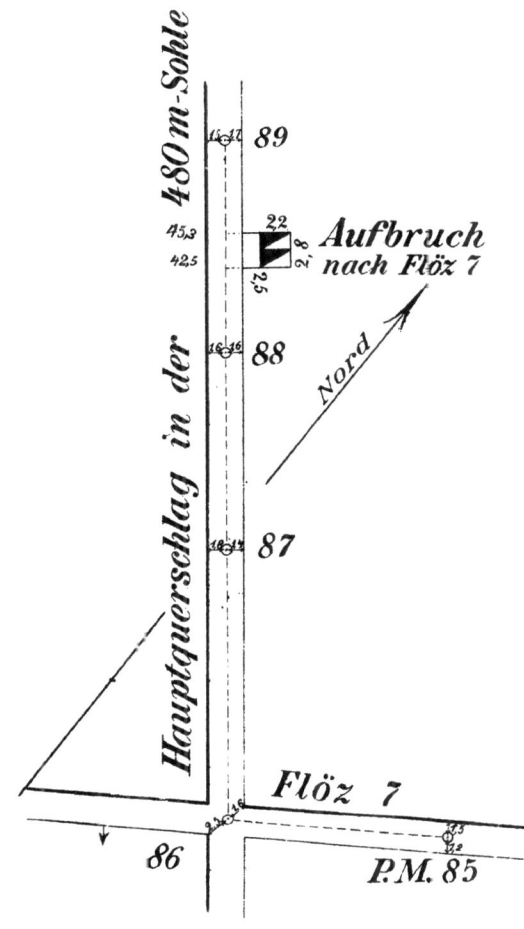

Datum: ....

Ausführliche Angabe der Örtlichkeit der Messung
(Zeche, Schacht, Tiefbausohle, Abteilung, Flöz oder Lage über Tage)

Gemessen		Abgelesene Länge m		Mittel aus beiden Messungen m
von Punkt	nach Punkt	bei der I. Messung	bei der II. Messung	

Name des Beobachters:

Benutzte Geräte:

Bemerkungen und Handzeichnung.

Datum: ....

Ausführliche Angabe der Örtlichkeit der Messung
(Zeche, Schacht, Tiefbausohle, Abteilung, Flöz oder Lage über Tage)

....

| Gemessen || Abgelesene Länge m || Mittel aus beiden Messungen m |
von Punkt	nach Punkt	bei der I. Messung	bei der II. Messung	

13

Name des Beobachters: ....
Benutzte Geräte: ....
....
....
....

Bemerkungen und Handzeichnung.

V.
Winkelmessungen.

a) Winkelmessung mit einer Winkeltrommel über Tage.

Gebraucht werden: Winkeltrommel mit Stock- oder Zapfenstativ, Lote und mehrere Fluchtstäbe.

Verfahren: Mit der Winkeltrommel werden die von zwei Meßlinien eingeschlossenen Horizontalwinkel beliebiger Größe (Brechungswinkel) gemessen. Die auf dem Stativ aufgestellte Winkeltrommel wird zunächst mit Hilfe eines Lotes senkrecht über dem Meßpunkt (Scheitelpunkt des Winkels) und mittels einer Dosenlibelle wagerecht aufgestellt. Sodann zielt man den in der Vermessungsrichtung rückwärts gelegenen Punkt an, d. h. man bringt mittels Zahntrieb den senkrechten Faden der im oberen, beweglichen Teile des Instrumentes angebrachten einfachen Zielvorrichtung (Diopter) mit dem im Endpunkt des linken Winkelschenkels lotrecht aufgestellten Fluchtstab zur Deckung und liest am Teilkreis diejenige Gradzahl (Ganze und Zehntel-Grade) ab, die der Nullstrich des Zeigers angibt. Danach dreht man den oberen Teil der Winkeltrommel mit dem Zahntrieb nach dem rechten Schenkel des Winkels, zielt in gleicher Weise den vorwärts gelegenen Punkt an und liest wiederum die Gradzahl am Nullstrich des Zeigers ab. Der Unterschied der beiden abgelesenen Gradzahlen ergibt den gesuchten Brechungswinkel.

Beispiel:
Datum: *22. Oktober 1921, vormittags.*

Ausführliche Angabe der Örtlichkeit der Messung.

Bochum, Herner Strasse, Garten der Bergschule.

Standpunkt	Zielpunkt	Ablesung am Teilkreis	Brechungswinkel = Unterschied der Ablesungen	Verbesserter Brechungswinkel
VI	III	15,3°	92,1°	92,2°
	V	107,4°		
VI	V	212,9°	106,4°	106,5°
	XI	319,3°		
VI	XI	274,8°	161,2°	161,3°
	III	76,0°		
			359,7°	360,0°

17

Name des Beobachters: *August Starke.*

Benutzte Geräte: *Winkeltrommel Nr. 579 von Sartorius mit Stativ, Lote und Fluchtstäbe.*

Bemerkungen und Handzeichnung.

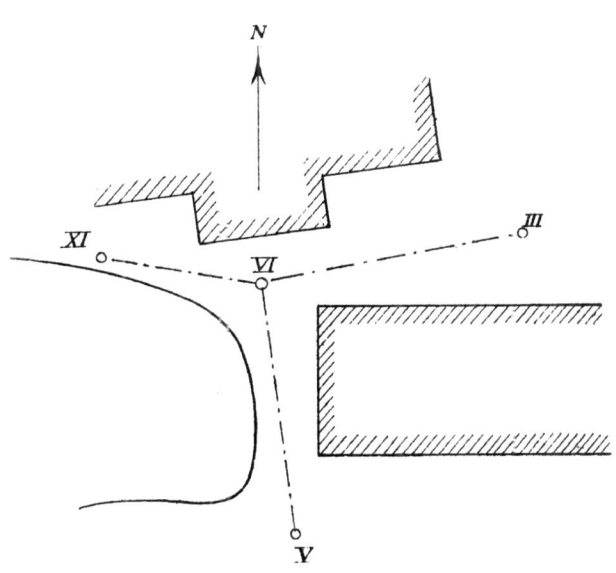

Datum:

Ausführliche Angabe der Örtlichkeit der Messung.

Standpunkt	Zielpunkt	Ablesung am Teilkreis	Brechungswinkel = Unterschied der Ablesungen	Verbesserter Brechungswinkel

19

Name des Beobachters:

Benutzte Geräte:

Bemerkungen und Handzeichnung.

Datum: ....

Ausführliche Angabe der Örtlichkeit der Messung.

Stand-punkt	Ziel-punkt	Ablesung am Teilkreis	Brechungswinkel = Unterschied der Ablesungen	Verbesserter Brechungs-winkel

Name des Beobachters: ....
Benutzte Geräte: ....
....
....
....

Bemerkungen und Handzeichnung.

b) Winkelmessung mit einem einfachen Theodolit.

Gebraucht werden: über Tage Theodolit mit Stativ, Lote und Fluchtstäbe; in der Grube Theodolit mit Stativ oder Tellerarmen, 3 Lote, 3 helle Lampen, 2 Blenden aus durchsichtigem Papier oder besondere Signale.

Verfahren: Die Aufstellung und Winkelmessung erfolgt im allgemeinen in der gleichen Weise wie bei der Winkeltrommel (s. Seite 15). Ueber Tage wird das Stativ zunächst so aufgestellt, daß der Stativkopf annähernd wagerecht ist und der Kreisausschnitt des Stativtellers sich lotrecht über dem Winkelpunkt befindet. Die eisernen Spitzen der drei Stativbeine werden fest in den Boden eingetreten und die Flügelschrauben des Stativkopfes angezogen. Sodann wird der Theodolit auf den Teller gesetzt, mit der Stativschraube leicht angeschraubt und ein Lot in den Haken dieser Schraube eingehängt. Die beiden über dem Zeigerkreis angebrachten Röhrenlibellen bezw. die Dosenlibelle werden alsdann mit Hilfe der drei Fußschrauben des Instrumentes zum Einspielen gebracht und der Theodolit auf dem Teller so lange verschoben, bis die Spitze des herabhängenden Lotes auf die Mitte des Punktes zeigt. In der Grube wird das Instrument auf dem Stativ oder dem Arm, deren Teller in gleicher Weise wie oben wagerecht und annähernd lotrecht unter dem Winkelpunkt (Ringeisen) steht, so verschoben, daß die von dem Meßpunkt herabhängende Lotspitze über einer auf dem Fernrohr angebrachten Zentriermarke, die entweder aus einem kleinen Loch oder einer Spitze besteht, einspielt. Vorher ist das Fernrohr wagerecht zu stellen. Das Verfahren ist so lange zu wiederholen, bis das Instrument wagerecht und genau senkrecht über oder unter dem Punkt steht. Erst dann wird das Instrument mittels der Spiralfeder an der Stativschraube so angezogen, daß seine unveränderte Stellung bei der Messung gewährleistet ist.

Bei der Winkelmessung wird zuerst der rückwärts gelegene Punkt (Endpunkt des linken Winkelschenkels) angezielt. Zu diesem Zweck richtet man das Fernrohr auf den in diesem Punkt aufgestellten Fluchtstab oder das eingehängte Lot, stellt mit Hilfe des Fernrohrauszuges das Bild deutlich ein und bringt den senkrechten Faden des Fadenkreuzes unter Benutzung der Klemm- und Feinstellschraube des Teilkreises mit dem Zielpunkt zur Deckung.

Dann liest man an den beiden Zeigern (Nonien oder Mikroskope) auf Grade, Minuten und gegebenenfalls Sekunden ab und trägt die Ablesungen in das Beobachtungsbuch ein. Darauf wird die Klemmschraube des Teilkreises gelöst, der Oberbau des Instrumentes mit Fernrohr und Zeigerkreis bis zum rechten Winkelschenkel gedreht und der vorwärts gelegene Punkt in gleicher Weise angezielt. Die Stellung der beiden Zeiger wird abermals abgelesen und eingetragen. Nun kippt man das Fernrohr um seine Lagerachse, löst die Klemmschraube des Teilkreises und wiederholt die Messung des Winkels in der zweiten Fernrohrlage. Der Unterschied der Mittel aus den Ablesungen in beiden Fernrohrlagen ergibt den gesuchten Brechungswinkel. Zur Prüfung der Messungsgenauigkeit mißt man vielfach auch in gleicher Weise den Ergänzungswinkel. Zählt man Brechungs- und Ergänzungswinkel auf einem Standpunkt zusammen, so soll sich 360^0 ergeben. Eine etwaige kleine Abweichung von 360^0 wird auf beide Winkel gleichmäßig verteilt.

Sind auf einem Standpunkt mehrere Brechungswinkel zu messen, so kann man statt der Einzel-Winkelmessung die sog. Satzbeobachtung anwenden. Hierbei werden nacheinander sämtliche Zielpunkte in der ersten Fernrohrlage im Rechtssinn anvisiert. Nach Einstellung des letzten Punktes wird das Fernrohr durchgeschlagen und die einzelnen Punkte rückwärts d. h. im Linkssinne angezielt. Die Zeigerablesungen in der ersten und zweiten Fernrohrlage werden für jeden Punkt gemittelt und die Brechungswinkel aus den Unterschieden der gemittelten Ablesungen abgeleitet. Bei Wiederholung der Satzbeobachtung verdreht man den Teilkreis jedesmal um etwa $\frac{180^0}{n}$, wobei n die Anzahl der Wiederholungen angibt.

1. Beispiel:

Datum: *23. Juli 1916, Vormittags.*

Ausführliche Angabe der Örtlichkeit der Messung.

(Zeche, Schacht, Tiefbausohle, Abteilung, Flöz, Strecke oder Lage über Tage)

Zeche Germania, *III. Tiefbausohle, Süden, Hauptabteilung, Flöz 7.*

Stand-	Ziel-	Ablesungen am Teilkreis					
punkt	punkt	Fernrohrlage I			Fernrohrlage II		
		Zeiger I	Zeiger II	Mittel	Zeiger I	Zeiger II	Mittel
		° ′ ″	′ ″	° ′ ″	° ′ ″	′ ″	° ′ ″
23	22	127 12 0	12 30	127 12 15	307 13 0	12 30	307 12 45
	24	212 49 30	50 15	212 49 52	32 49 0	49 30	32 49 15
24	23	15 32 15	32 00	15 32 8	195 31 30	31 30	195 31 30
	25	286 40 0	40 45	286 40 22	106 40 30	41 0	106 40 45

Name des Beobachters: *Wilhelm Schäfer*

Benutzte Geräte: *Theodolit No. 638 von Hildebrand mit Stativ, 3 Lote und 2 Blenden.*

Mittelwert aus den Mitteln der beiden Fernrohrlagen			Brechungswinkel = Unterschied der Mittelwerte			Bemerkungen und Handzeichnung.
°	′	″	°	′	″	
27	12	30				
			85	37	4	
12	49	34				
15	31	49				
			271	8	45	
86	40	34				

2. Beispiel:

Datum: *15. April 1921, nachmittags.*

Ausführliche Angabe der Örtlichkeit der Messung.
(Zeche, Schacht, Tiefbausohle, Abteilung, Flöz, Strecke oder Lage über Tage)
Dach des Bergschulgebäudes zu Bochum.

Stand-punkt	Ziel-punkt	Ablesungen am Teilkreis											
		Fernrohrlage I						Fernrohrlage II					
		Zeiger I		Zeiger II		Mittel			Zeiger I		Zeiger II		Mittel		
		°	′	″	′	″	°	′	″	°	′	″	′	″	°	′	″
		I. Satz											
R E	⌖ Ha.	0	10	0	10	0	0	10	0	180	9	45	9	30	180	9	38
	⌖ Ei.	38	11	0	11	15	38	11	8	218	11	0	10	45	218	10	52
	⌖ Ri.	72	12	0	12	15	72	12	8	252	12	15	12	0	252	12	8
	⌖ Gr.	122	47	0	47	0	122	47	0	302	47	0	47	0	302	47	0
	⌖ Ki.	152	18	45	18	30	152	18	38	332	18	15	18	15	332	18	15
	⌖ We.	275	21	0	20	45	275	20	52	95	20	45	21	0	95	20	52
	P.M.12	308	28	45	28	30	308	28	38	128	28	15	28	0	128	28	8
		II. Satz											
R E	⌖ Ha.	90	38	15	38	15	90	38	15	270	38	0	37	45	270	37	52
	⌖ Ei.	128	39	0	39	0	128	39	0	308	39	15	39	0	308	39	8
	⌖ Ri.	162	40	30	40	15	162	40	22	342	40	15	40	0	342	40	8
	⌖ Gr.	213	15	30	15	30	213	15	30	33	15	15	15	0	33	15	8
	⌖ Ki.	242	47	15	47	15	242	47	15	62	46	30	46	45	62	46	38
	⌖ We.	5	49	30	49	15	5	49	22	185	49	30	49	15	185	49	22
	P.M.12	38	57	30	57	45	38	57	38	218	57	0	56	45	218	56	52

Name des Beobachters: *Heinrich Müller.*

Benutzte Geräte: *Theodolit Nr. 638 von Hildebrand mit Stativ, Lote und Fluchtstäbe.*

Mittelwert aus den Mitteln der beiden Fernrohrlagen ° ′ ″	Brechungswinkel = Unterschied der Mittelwerte ° ′ ″	Bemerkungen und Handzeichnung.
0 9 49		
	38 1 11	N.
38 11 0		
	34 1 8	✝ Eickel
72 12 8		
	50 34 52	✝ Riemke
122 47 0		
	29 31 26	✝ Grumme
152 18 26		
	123 2 26	✝ Kirchharpen
275 20 52		
	33 7 31	Hanime ✝ R.E.
308 28 23		
		Mittel aus I. u. II. Satz. P.M. 12
90 38 4		
	38 1 0	38° 1′ 6″
128 39 4		
	34 1 11	34° 1′ 10″
162 40 15		
	50 35 4	50° 34′ 58″
213 15 19		
	29 31 37	29° 31′ 32″ ✝ Weitmar
242 46 56		
	123 2 26	123° 2′ 26″
5 49 22		
	33 7 53	33° 7′ 42″
38 57 15		

Datum: ....

Ausführliche Angabe der Örtlichkeit der Messung.
(Zeche, Schacht, Tiefbausohle, Abteilung, Flöz, Strecke oder Lage über Tage)

....
....

Stand-	Ziel-	Ablesungen am Teilkreis					
punkt	punkt	Fernrohrlage I			Fernrohrlage II		
		Zeiger I	Zeiger II	Mittel	Zeiger I	Zeiger II	Mittel
		° ′ ″	′ ″	° ′ ″	° ′ ″	′ ″	° ′ ″

Name des Beobachters: ....

Benutzte Geräte: ....

....

....

Mittelwert aus den Mitteln der beiden Fernrohrlagen			Brechungswinkel = Unterschied der Mittelwerte			Bemerkungen und Handzeichnung.
°	′	″	°	′	″	

Datum: _____

Ausführliche Angabe der Örtlichkeit der Messung.
(Zeche, Schacht, Tiefbausohle, Abteilung, Flöz, Strecke oder Lage über Tage)

_____

Stand-	Ziel-	Ablesungen am Teilkreis						
punkt	punkt	Fernrohrlage I			Fernrohrlage II		
		Zeiger I	Zeiger II	Mittel	Zeiger I	Zeiger II	Mittel
		° ′ ″	′ ″	° ′ ″	° ′ ″	′ ″	° ′ ″

Name des Beobachters: ....

Benutzte Geräte: ....

....

....

Mittelwert aus den Mitteln der beiden Fernrohrlagen			Brechungswinkel = Unterschied der Mittelwerte			Bemerkungen und Handzeichnung.
°	′	″	°	′	″	

Stand-punkt	Ziel-punkt	Ablesungen am Teilkreis					
		Fernrohrlage I			Fernrohrlage II		
		Zeiger I	Zeiger II	Mittel	Zeiger I	Zeiger II	Mittel
		° ′ ″	′ ″	° ′ ″	° ′ ″	′ ″	° ′ ″

Mittelwert aus den Mitteln der beiden Fernrohrlagen	Brechungs- winkel = Unterschied der Mittelwerte	Bemerkungen und Handzeichnung.
° ′ ″	° ′ ″	

c) Winkelmessung mit einem Wiederholungstheodolit.

Gebraucht werden: über Tage ein Wiederholungstheodolit mit Stativ, ein Lot und mehrere Fluchtstäbe; unter Tage ein Wiederholungstheodolit mit Stativ oder Tellerarmen oder Konsolschrauben bezw. ein Hängetheodolit, 3 Lote, 3 helle Lampen, 2 Blenden mit durchsichtigem Papier oder besondere Signale.

Verfahren: Die Aufstellung des Stativs und Instrumentes ist die gleiche wie beim einfachen Theodolit (s. Seite 22). Vor Beginn der eigentlichen Winkelmessung wird zunächst mit Hilfe der oberen am Teilkreise befindlichen Klemm- und Feinstellschraube der Zeiger I (Nonius oder Mikroskop) auf 0° gestellt, und der Zeiger II abgelesen. Sodann wird unter Zuhilfenahme der unteren unter dem Teilkreise befindlichen Klemm- und Feinstellschraube sowie des Fernrohrauszuges der rückwärts gelegene Punkt eingestellt. Danach löst man die obere Klemmschraube, dreht das Fernrohr mit dem Zeigerkreis im Rechtssinne, stellt den vorwärts gelegenen Punkt mit Hilfe der oberen Klemm- und Feinstellschraube ein und liest am Zeiger I roh auf Grade und Minuten ab. Darauf wird das Fernrohr um seine Achse gekippt, die untere Klemmschraube gelöst und dann die Messung in der zweiten Fernrohrlage wiederholt. Nach der letzten Einstellung werden beide Zeiger genau auf Grade, Minuten und gegebenenfalls Sekunden abgelesen. Den einfachen Brechungswinkel erhält man, indem man das Mittel der Schlußablesung an den Zeigern I und II durch die Anzahl der Wiederholungen (im vorliegenden Falle 2) teilt.

1. Beispiel:
Datum: *23. Juli 1916, Vormittags.*

Ausführliche Angabe der Örtlichkeit der Messung.
(Zeche, Schacht, Tiefbausohle, Abteilung, Flöz, Strecke oder Lage über Tage)
Zeche Germania, III. Tiefbausohle, Süden, Hauptabteilung, Flöz 7.

Stand-punkt	Ziel-punkt	Ablesungen am Teilkreis					
		Fernrohrlage I			Fernrohrlage II		
		Zeiger I	Zeiger II	Mittel	Zeiger I	Zeiger II	Mittel
		° ′ ″	′ ″	° ′ ″	° ′ ″	′ ″	° ′ ″
23	22	0 0 0	0 0	0 0 0			
	24	85 37 0					
	2 fach				171 14 0	14 15	171 14
24	23	0 0 0	0 15	0 0 8			
	25	271 8 15					
	2 fach				182 17 30	17 45	182 17 3
							182 17 3

37

Name des Beobachters: *Wilhelm Schäfer.*

Benutzte Geräte: *Wiederholungstheodolit Nr. 2654 von Breithaupt mit Stativ, 3 Lote und 2 Blenden.*

Brechungs- winkel = Hälfte des Mittels in der II. Fern- rohrlage. [1]		
°	′	″
85	37	4
71	8	45

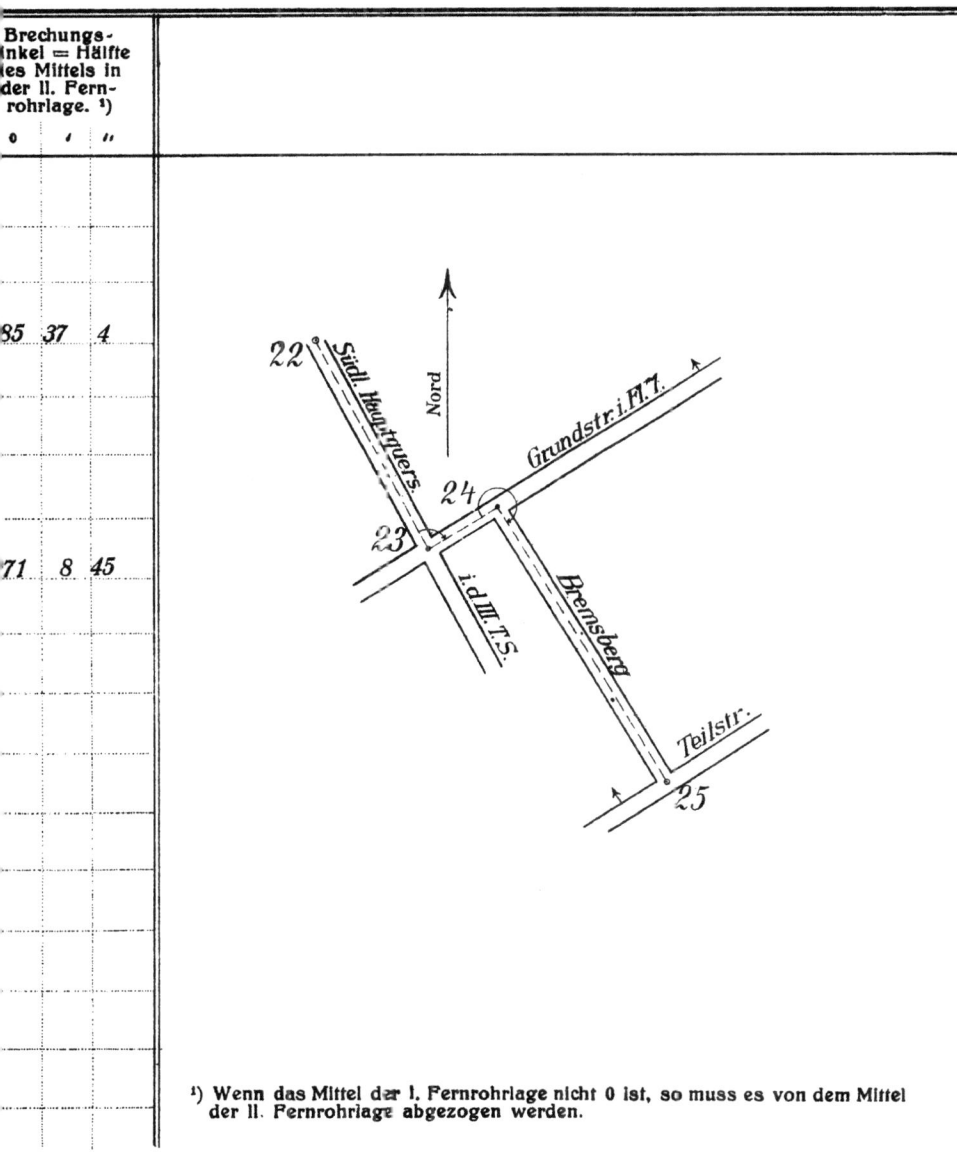

[1]) Wenn das Mittel der I. Fernrohrlage nicht 0 ist, so muss es von dem Mittel der II. Fernrohrlage abgezogen werden.

Datum: _____

Ausführliche Angabe der Örtlichkeit der Messung.
(Zeche, Schacht, Tiefbausohle, Abteilung, Flöz, Strecke oder Lage über Tage)

Stand-punkt	Ziel-punkt	Ablesungen am Teilkreis						
		Fernrohrlage I			Fernrohrlage II		
		Zeiger I	Zeiger II	Mittel	Zeiger I	Zeiger II	Mittel
		° ′ ″	′ ″	° ′ ″	° ′ ″	′ ″	° ′ ″

Name des Beobachters: _____

Benutzte Geräte: _____
_____
_____
_____

Brechungs- winkel = Hälfte des Mittels in der II. Fern- rohrlage. ° ′ ″	Bemerkungen und Handzeichnung.

Datum: _____

Ausführliche Angabe der Örtlichkeit der Messung.
(Zeche, Schacht, Tiefbausohle, Abteilung, Flöz, Strecke oder Lage über Tage)

Stand- punkt	Ziel- punkt	Ablesungen am Teilkreis					
		Fernrohrlage I			Fernrohrlage II		
		Zeiger I	Zeiger II	Mittel	Zeiger I	Zeiger II	Mittel
		° ′ ″	′ ″	° ′ ″	° ′ ″	′ ″	° ′ ″

Name des Beobachters: _____

Benutzte Geräte: _____

_____

_____

_____

Brechungs- winkel = Hälfte des Mittels in der II. Fern- rohrlage. ° ′ ″	

Stand-punkt	Ziel-punkt	Ablesungen am Teilkreis						
		Fernrohrlage I			Fernrohrlage II		
		Zeiger I	Zeiger II	Mittel	Zeiger I	Zeiger II	Mittel
		° ′ ″	′ ″	° ′ ″	° ′ ″	′ ″	° ′ ″

Brechungs-winkel = Hälfte des Mittels in der II. Fernrohrlage.			Bemerkungen und Handzeichnung.
°	′	″	

VI.
Lageaufnahmen (Kleinaufnahme).

Gebraucht werden: Fluchtstäbe, Meßband und Meßkette oder 2 Meßbänder, Zollstock, ferner ein Instrument zum Abstecken von rechten Winkeln (Winkelkopf, Winkelspiegel oder Winkelprisma) mit Lot oder Stockstativ.

Verfahren: Von einer Aufnahmelinie aus werden die Eck- oder Brechpunkte der aufzunehmenden Gegenstände (Wege, Häuser, Flächen usw.) mit einem Instrument zum Abstecken rechter Winkel und einem Längenmeßwerkzeug rechtwinklig eingemessen. Das Verfahren ist im einzelnen in den nachfolgenden Abschnitten über Flächen- und Gebäudeaufnahmen näher beschrieben.

Bei ausgedehnten Lageaufnahmen werden mehrere Aufnahmelinien abgesteckt, die sich unter beliebig großen Winkeln schneiden. Die Aufnahmelinien bilden alsdann einen Vieleckzug (Polygonzug) s. Abschnitt VIII.

a) Flächenaufnahme.

Verfahren: Man bezeichnet zunächst die Ecken der aufzunehmenden Fläche mit lotrecht gestellten Fluchtstäben. Dann legt man eine gerade Aufnahmelinie durch die Fläche und zwar möglichst in der Längserstreckung, sodaß die rechtwinkligen Abstände der Feldesecken von der Aufnahmelinie nicht zu lang werden, möglichst nicht über 40 m. In der Richtung der Aufnahmelinie streckt man ein Stahlmeßband aus und geht an demselben entlang, bis man mit Hilfe des Winkelinstrumentes (Winkelspiegel) den Fußpunkt der ersten Rechtwinkligen gefunden hat, liest den Abstand des Fußpunktes vom Anfangspunkt der Aufnahmelinie am Meßband ab und mißt dann die Länge der Rechtwinkligen von der Aufnahmelinie bis zur Feldesecke mit der Meßkette. Bei der Aufnahme der übrigen Ecken verfährt man in derselben Weise. Zur Nachprüfung werden auch die Entfernungen der Feldesecken unter sich gemessen.

Bei abgerundeten Flächen schlägt man ein Näherungsverfahren ein, indem man die Bogen in Sehnen zerlegt und die Endpunkte der letzteren aufnimmt. Hierbei ist es zweckmäßig, eine längere Sehne wieder zu einer selbständigen Aufnahmelinie zu machen, weil dann die Rechtwinkligen kurz werden und meist ohne Instrument mit bloßem Auge gefällt werden können.

Wenn eine Fläche nicht wagerecht liegt, so müssen von allen gemessenen flachen Längen die Sohlen berechnet werden.

Beispiele:

a. Die Aufnahmelinie ist eine Diagonale der Fläche.

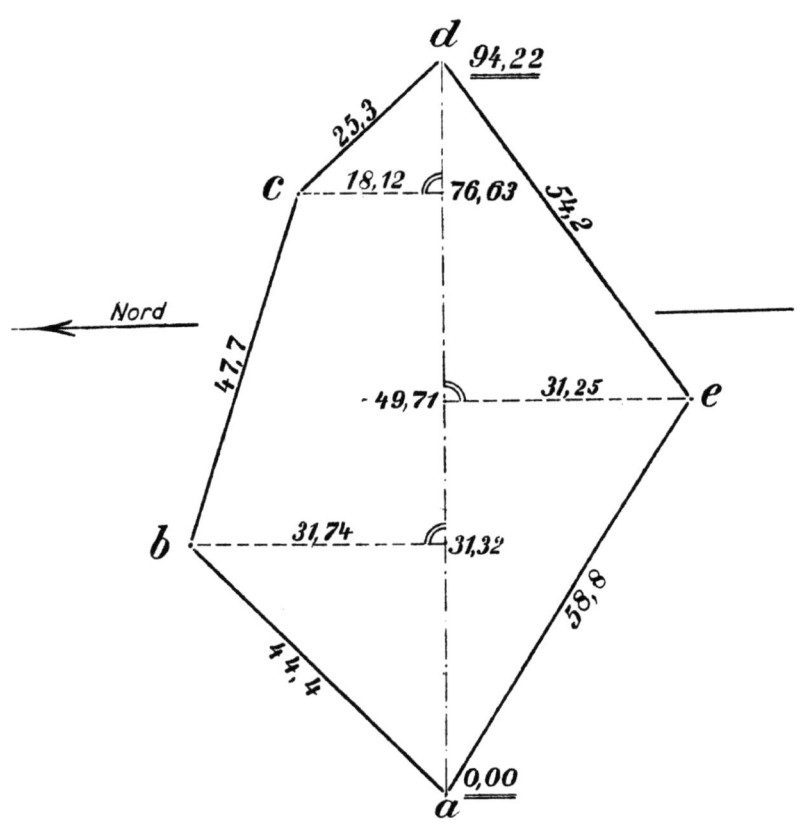

b. Die Aufnahmelinie liegt beliebig.

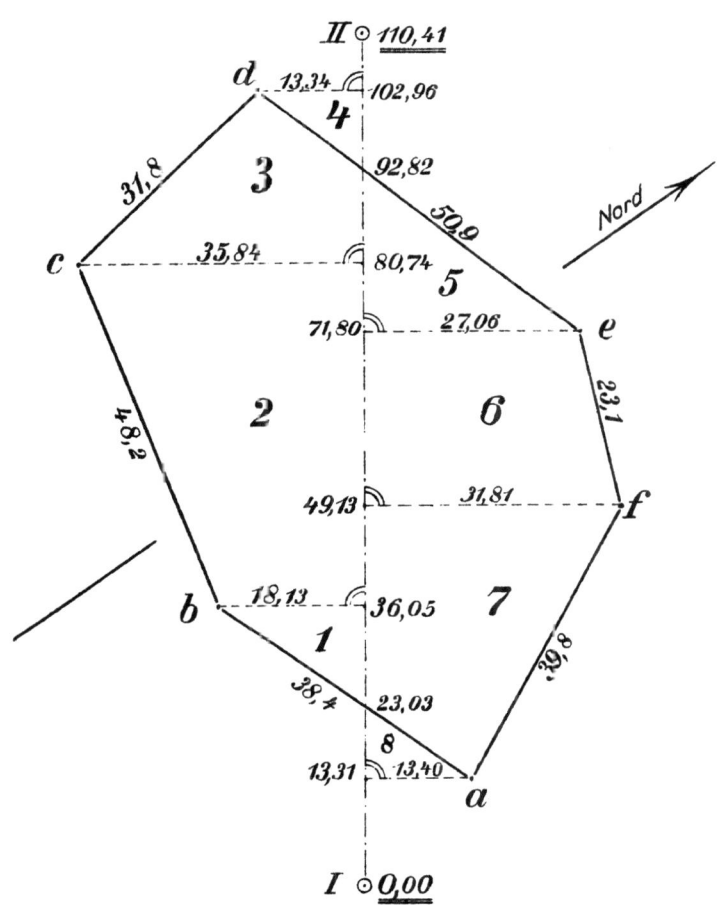

Flächenberechnung:

$$\triangle 1 = \frac{13{,}02 \cdot 18{,}13}{2} = \qquad\qquad 118{,}08 \text{ qm}$$

$$\square 2 = \frac{18{,}13 + 35{,}84}{2} \cdot 44{,}69 = \qquad\qquad 1205{,}96 \text{ ,,}$$

$$\begin{aligned}\square (3+4) \\ -\triangle 4\end{aligned} = \frac{35{,}84 + 13{,}34}{2} \cdot 22{,}22 - \frac{10{,}14 \cdot 13{,}34}{2} = \quad 478{,}76 \text{ ,,}$$

$$\triangle 5 = \frac{21{,}02 \cdot 27{,}06}{2} = \qquad\qquad 284{,}40 \text{ ,,}$$

$$\square 6 = \frac{27{,}06 + 31{,}81}{2} \cdot 22{,}67 = \qquad\qquad 667{,}29 \text{ ,,}$$

$$\begin{aligned}\square (7+8) \\ -\triangle 8\end{aligned} = \frac{31{,}81 + 13{,}40}{2} \cdot 35{,}82 - \frac{9{,}72 \cdot 13{,}40}{2} = \quad 744{,}59 \text{ ,,}$$

$$\text{Summe} = 3499{,}08 \text{ qm}$$

Datum:

Ausführliche Angabe des Ortes und Bezeichnung der Fläche:

Name des Beobachters: ....

Benutzte Geräte: ....

....

....

....

Datum:

Ausführliche Angabe des Ortes und Bezeichnung der Fläche:

Name des Beobachters: ....

Benutzte Geräte: ....

b) Gebäudeaufnahme.

Verfahren: Man legt eine gerade Aufnahmelinie an den Gebäuden vorbei, sodaß die rechtwinkligen Abstände bis zu den Ecken nicht zu groß werden, möglichst nicht über 40 m. In der Aufnahmelinie streckt man ein Meßband aus, geht an demselben entlang und sucht mit Hilfe des Winkelinstrumentes die Fußpunkte der Rechtwinkligen von den Gebäudeecken usw. auf, deren Längen dann mit der Meßkette gemessen werden. Zur Nachprüfung bestimmt man vielfach auch die Schnittpunkte der verlängerten Gebäudefluchten mit der Aufnahmelinie. Die Gebäude selbst werden rund herum ausgemessen.

Beispiel:

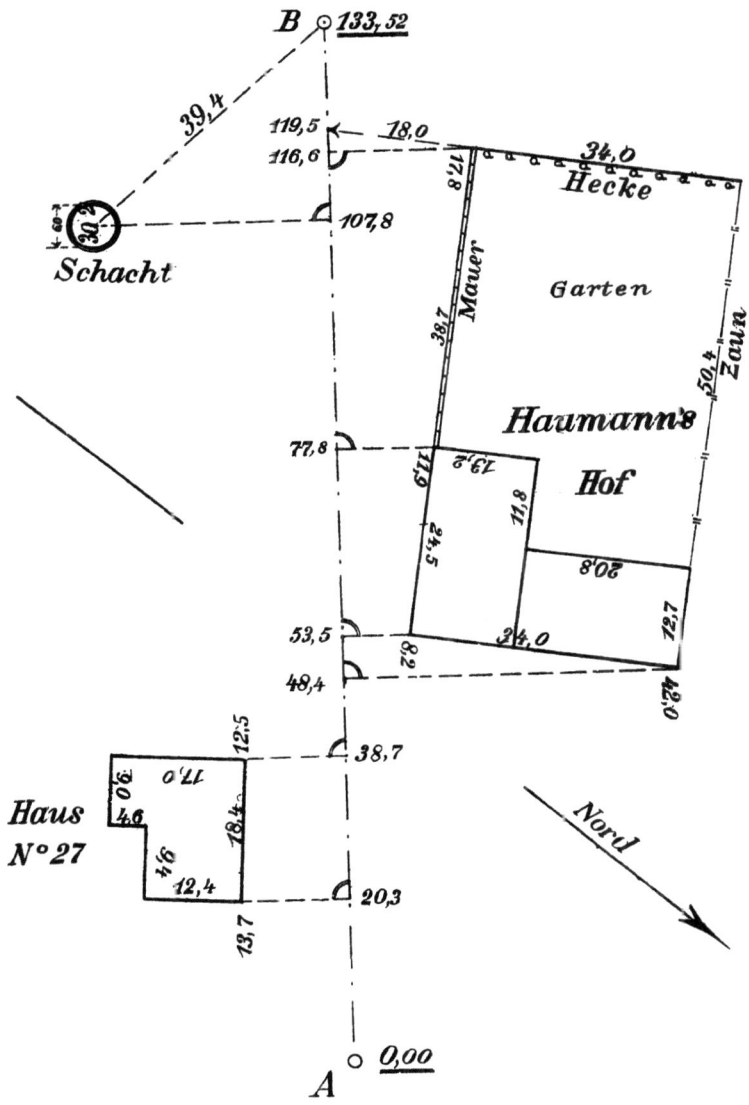

Datum:

Ausführliche Angabe des Ortes:

Name des Beobachters: ....

Benutzte Geräte: ....

....

....

Datum:

Ausführliche Angabe des Ortes:

Name des Beobachters: ....

Benutzte Geräte: ....

58

59

60

61

VII.
Kompaßmessungen.

a) Bestimmung der Deklination an einer Orientierungslinie.

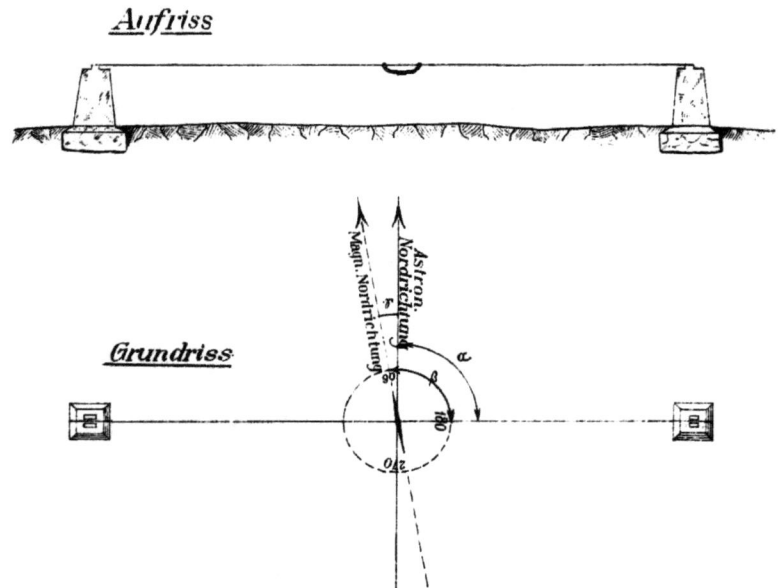

α *Nordwinkel der Orientierungslinie.*
β *Ablesung am Kompaß = Streichen d. Orientierungslinie.*
γ *Magnetische Abweichung = Deklination.*

Beispiel.

β	100,2⁰
α	90,0⁰
γ	10,2⁰

b) Kompaßzug in der Grube.

Gebraucht werden: Hängezeug (Kompaß und Gradbogen), Meßkette, ein Zollstock, 3 Pfriemen, Nägel, Hammer und eine eisenfreie Lampe.

Verfahren: Man beginnt mit der Messung an einem Festpunkte (Kompaß- oder Polygonpunkt). Für den Notfall genügt der Anschluß an einen Kreuzungspunkt zweier Strecken, an eine abzweigende Strecke, an einen Schacht, Aufbruch usw. Man spannt die Kette von Stoß zu Stoß aus, geht an ihr entlang, um zu prüfen, ob sie nirgendwo anliegt und hängt den Kompaß an einer beliebigen Stelle der Kette so auf, daß der Nullpunkt der Kompaßteilung nach vorn, d. h. der Vermessungsrichtung vorausliegt. Sodann wird die Feststellvorrichtung der Nadel gelöst und bei wagerecht hängender Kompaßbüchse die Nordspitze der Nadel, sobald sie zur Ruhe gekommen ist, an der Kompaßteilung auf ganze und zehntel Grade, die geschätzt werden, abgelesen. Die Ablesung stellt das Streichen (Himmelsrichtung) des Zuges dar und ist der Winkel, der von der Magnetnadel (magnetische Nordrichtung) und der Kette gebildet wird. Nach erfolgter Feststellung, (Arretierung) der Nadel und Abnahme des Kompasses wird die Länge des Zuges an der vorher straff gespannten Kette auf ganze Meter abgelesen und der Restteil mit dem Zollstock auf Zentimeter gemessen.

Da die Magnetnadel des Kompasses durch Eisen abgelenkt wird, so ist letzteres bei der Messung so weit wie möglich zu beseitigen. Man achte darauf, daß auch der Beobachter selbst eisenfrei ist und stets eine eisenfreie Lampe für die Ablesungen am Kompaß benutzt wird. Um auch den störenden Einfluß der in der Strecke liegenden Schienen und eingebauten Rohre auszuschalten, hängt man den Kompaß mindestens 1 m über den Schienen bezw. 1 m von den Rohrleitungen entfernt auf. In der Nähe größerer Eisenmassen wie Kranzplatten, Förderwagen usw. ist diese Entfernung wenigstens zu verdoppeln.

Die 0^0 bis 180^0 Linie der Kompaßteilung liegt häufig nicht parallel zu der Hakenlinie der Aufhängearme bezw. der Kette, wodurch entweder ein zu großer oder zu kleiner Streichwinkel am Kompaß abgelesen wird Ferner ändert sich die Abweichung der Magnetnadel von der genauen (astronom.) Nordrichtung, die Deklination, mit der Zeit und mit dem Ort. Um daher obigen Fehler auszuschalten und die für den Ort und für die Zeit der Messung sowie für den bei der Messung benutzten Kompaß gültige Deklination zu ermitteln, benutzt man eine Orientierungslinie, d. i. eine durch 2 Punkte festgelegte Linie, deren Nordwinkel bestimmt ist, und deren Streichwinkel von Zeit zu Zeit an dem betreffenden Kompaß abgelesen werden kann. Der Unterschied zwischen Nord- und Streichwinkel ergibt die gesuchte Deklination. Siehe nebenstehendes Beispiel.

Beispiel:
Datum: *29. Mai 1911, Nachmittags.*

Ausführliche Angabe der Örtlichkeit der Messung
(Zeche, Schacht, Tiefbausohle, Abteilung, Flöz u. s. w)

Schlägel & Eisen III/IV, 2. Tiefbausohle, Süden, Flöz A, Hauptabteilung, Grundstrecke nach Osten und Überhauen zur Teilsohle.

Punkt	Nr. des Zuges	Ablesung am Kompass = Streichen °	Gemessene flache Länge l m	Ablesung am Gradbogen = Neigungswinkel α +	Ablesung am Gradbogen = Neigungswinkel α −	Sohle $= l \cdot \cos\alpha$ m	Seigerteufe $= l \cdot \sin\alpha$ m +	Seigerteufe $= l \cdot \sin\alpha$ m −	Höhe des Punktes bezogen auf Normal-Null (N.-N.) ± m	Abstand des Punktes von der Sohle m
P.M. 38			*Aus P. M.* 38						− 378,12	2,46
	1	77,5	14,48		2,9	14,46		0,73	− 378,85	1,67
	2	60,2	15,93	0,5		15,93	0,14		− 378,71	1,76
δ	3	81,6	17,29		1,3	17,29		0,40	− 379,11	1,30
	4	51,0	10,16	0,8		10,16	0,14		− 378,97	1,33
$8^{5/11,1}$			57,86			57,84	0,28	1,13		
								0,85		
		Aus Ende Zug Nr. 2(δ) weiter							− 378,97	1,76
δ	5	324,4	11,54	22,3		10,68	4,38		− 374,59	1,23
	6	359,3	13,36	31,8		11,36	7,04		− 367,55	1,96
	7	326,2	11,45	27,1		10,19	5,22		− 362,33	1,55
	8	351,7	12,80	34,6		10,54	7,27		− 355,06	2,18
	9	350,5	12,03	28,7		10,55	5,77		− 349,29	1,97
	10	321,8	10,17	21,4		9,47	3,71		− 345,58	0,95
	11	82,6	19,43		1,7	19,43		0,58	− 346,16	0,30
	12	53,2	13,57	2,3		13,56	0,54		− 345,62	0,73
$8^{5/11,2}$			104,35			95,78	33,93	0,58		
							33,35			

Name des Beobachters: *Paul Hartmann.*

Benutzte Geräte:

Hängezeug No. 698 von Breithaupt, Nordwinkel der Orientierungslinie *85,7* °
20 m Meßkette, Beobachtetes Streichen *97,6* °
Zollstock. Magnetische Abweichung *11,9* ° westlich.

Höhe der Sohle bezogen auf Normal-Null (N.-N.) ± m	Punkt	Bemerkungen und Handzeichnung.
380,58	P. M. *38*	
380,52		
380,47	δ	
380,41		
380,30	8 5/11.1	
380,47	δ	
375,82		
369,51		
363,88		
357,24		
351,26		
346,53		
346,46		
346,35	8 5/11.2	

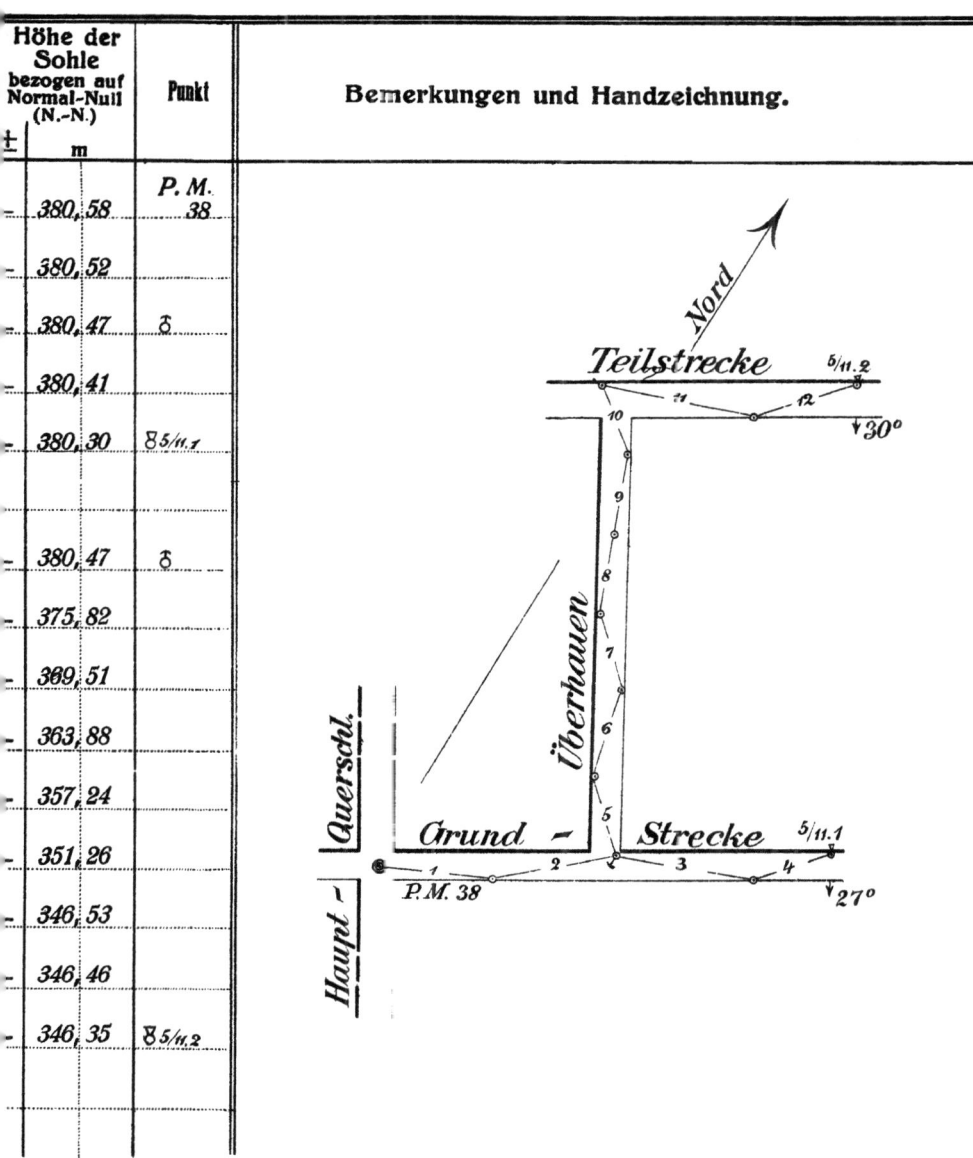

Datum: _____

Ausführliche Angabe der Örtlichkeit der Messung
(Zeche, Schacht, Tiefbausohle, Abteilung, Flöz u. s. w.)

Punkt	Nr. des Zuges	Ablesung am Kompass = Streichen $\overset{o}{\smile}$	Gemessene flache Länge l m	Ablesung am Gradbogen = Neigungs- winkel α $\overset{o}{\smile}$ + | −	Sohle $= l \cdot \cos \alpha$ m	Seigerteufe $= l \cdot \sin \alpha$ m + | −	Höhe des Punktes bezogen auf Normal-Null (N.-N.) ± m	Abstand des Punktes von der Sohle m

Name des Beobachters: ....

Benutzte Geräte: ....

	Nordwinkel der Orientierungslinie	°
	Beobachtetes Streichen	°
	Magnetische Abweichung	°

Höhe der Sohle bezogen auf Normal-Null (N.-N.) m	Punkt	Bemerkungen und Handzeichnung.

Datum: _____

Ausführliche Angabe der Örtlichkeit der Messung
(Zeche, Schacht, Tiefbausohle, Abteilung, Flöz u. s. w.)

Punkt	Nr. des Zuges	Ablesung am Kompass = Streichen °	Gemessene flache Länge l m	Ablesung am Gradbogen = Neigungswinkel α ° + | −	Sohle = $l \cdot \cos \alpha$ m	Seigerteufe = $l \cdot \sin \alpha$ m + | −	Höhe des Punktes bezogen auf Normal-Null (N.-N.) ± m	Abstand des Punktes von der Sohle m

69

Name des Beobachters: ....

Benutzte Geräte: ....

	Nordwinkel der Orientierungslinie	°
	Beobachtetes Streichen	°
	Magnetische Abweichung	°

Höhe der Sohle bezogen auf Normal-Null (N.-N.) m	Punkt	Bemerkungen und Handzeichnung.

Punkt	Nr. des Zuges	Ablesung am Kompass = Streichen °	Ge- messene flache Länge l m	Ablesung am Gradbogen = Neigungs- winkel α ° + / −	Sohle = $l \cdot \cos\alpha$ m	Seigerteufe = $l \cdot \sin\alpha$ m + / −	Höhe des Punktes bezogen auf Normal-Null (N.-N.) ± m	Abstand des Punktes von der Sohle m

Höhe der Sohle bezogen auf Normal-Null (N.-N.) m	Punkt	Bemerkungen und Handzeichnung.

Datum: _____

Ausführliche Angabe der Örtlichkeit der Messung
(Zeche, Schacht, Tiefbausohle, Abteilung, Flöz u. s. w.)

Punkt	Nr. des Zuges	Ablesung am Kompass = Streichen °	Gemessene flache Länge l m	Ablesung am Gradbogen = Neigungswinkel α ° + / −	Sohle $= l \cdot \cos \alpha$ m	Seigerteufe $= l \cdot \sin \alpha$ m + / −	Höhe des Punktes bezogen auf Normal-Null (N.-N.) ± m	Abstand des Punktes von der Sohle m

Name des Beobachters: ....

Benutzte Geräte: ....

Nordwinkel der Orientierungslinie	°
Beobachtetes Streichen	°
Magnetische Abweichung	°

Höhe der Sohle bezogen auf Normal-Null (N.-N.) m	Punkt	Bemerkungen und Handzeichnung.

Punkt	Nr. des Zuges	Ablesung am Kompass = Streichen °	Gemessene flache Länge l m	Ablesung am Gradbogen = Neigungswinkel α ° + / −	Sohle = $l \cdot \cos\alpha$ m	Seigerteufe = $l \cdot \sin\alpha$ m + / −	Höhe des Punktes bezogen auf Normal-Null (N.-N.) ± m	Abstand des Punktes von der Sohle m

Höhe der Sohle bezogen auf Normal-Null (N.-N.) m	Punkt	Bemerkungen und Handzeichnung.

VIII.
Polygonmessung.

Gebraucht werden: ein Winkelmeßinstrument (Theodolit), Längenmeßwerkzeuge (Stahlmeßband, Zollstock), ferner Richt- und Fluchtstäbe über Tage, Lote, Lampen und Ringeisen unter Tage.

Verfahren: Der Messung geht die Auswahl und Festlegung der Meßpunkte (Polygonpunkte) voraus, deren Lage und Entfernung von den örtlichen Verhältnissen abhängig sind, siehe auch Abschnitt III, Seite 6. Man wählt die Polygonlinien möglichst lang. Es werden sodann die Längen der einzelnen Polygonlinien und die Brechungswinkel zwischen ihnen gemessen, wie dieses ausführlich in den Abschnitten IV über Längenmessungen und in dem Abschnitt V über Winkelmessungen beschrieben ist.

Für die Eintragung der Längen- und Winkelmessung des Polygonzuges werden zweckmäßig die Formulare der Abschnitte IV und V benutzt. Das nachstehende Formular dient lediglich für die Zusammenstellung der Meßergebnisse.

Die Polygonmessung wird in der Regel an Dreieckspunkte der Landesaufnahme (T. P.) angeschlossen. Ueber Tage geschieht das entweder unmittelbar oder durch eine besondere Anschlußmessung, z. B. durch Vorwärts- oder Rückwärtseinschneiden. Die Grubenmessungen werden mit der Tagesmessung durch die Schachtlotung verbunden, durch welche Punkt- und Richtungsübertragung vom Tage in die Grube erfolgt.

Wenn die Verhältnisse es gestatten, schließt man auch den Endpunkt eines Polygonzuges wieder an einen bekannten Punkt an oder wählt zur Prüfung der Messungsgenauigkeit die geschlossene Zugform, da die Summe aller gemessenen Brechungswinkel in dem so entstandenen Vieleck (Polygon) $= (2n-4)$ R sein muß, wobei n die Anzahl der gemessenen Polygonwinkel bedeutet.

Beispiel:

Datum: *13. September 1921, nachm.*

Ausführliche Angabe der Örtlichkeit der Messung.
(Zeche, Schacht, Tiefbausohle, Abteilung, Flöz, Strecke oder Lage über Tage)

Zeche Glücksburg, Schacht I/II, 3. Sohle, Haupt- und 1. östl. Abteilungsquerschlag, Grundstrecken in den Flözen 14 und 18, Sattelsüdflügel.

Punkt	Brechungswinkel °	′	″	Verbesserter Winkel °	′	″	Söhlige Länge m	Bemerkungen
10 / 11	87	52	52					
22 / 11	92	52	38	92	52	43		
							135,216	
12	179	34	0	179	34	5		
							107,640	
13	89	7	38	89	7	43		
							87,355	
14	182	14	52	182	14	57		
							65,214	
15	177	52	8	177	52	13		
							79,072	
16	181	2	30	181	2	35		
							60,315	
17	89	52	52	89	52	57		
							126,405	
18	180	12	15	180	12	20		
							118,510	
19	91	0	45	91	0	50		
							50,728	
20	178	49	0	178	49	5		
							98,483	
21	179	9	30	179	9	35		
							64,786	
22 / 11	178	10	52	178	10	57		
							78,205	
Summe	1799	59	0	1800	0	0		
(2n−4)R	1799	59	60					
Unterschied	—		60					
Verbesserung	60/12	−+5						

Name des Beobachters: *Karl Lehmann.*

Benutzte Geräte: *Wiederholungstheodolit Nr. 43 286 von Hildebrand, 20 m Stahlmessband Nr. 586 von Fennel.*

Handzeichnung.

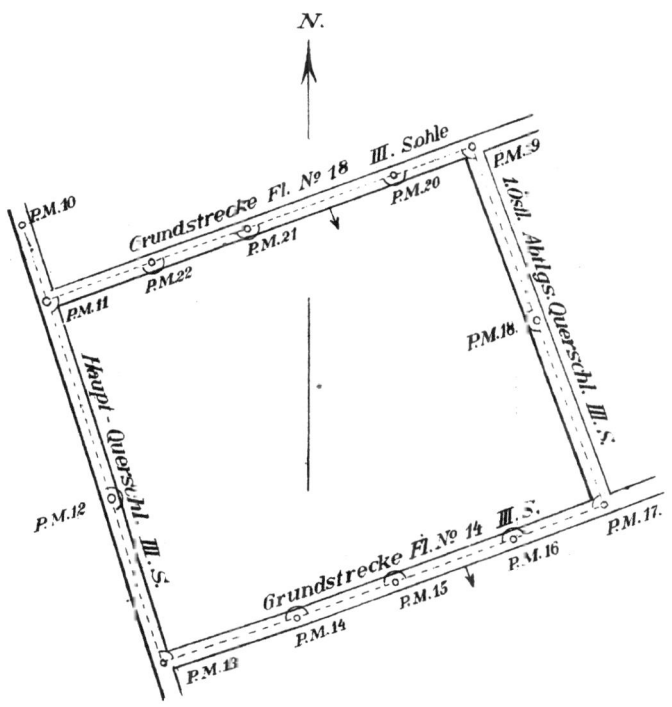

Datum: ....

Ausführliche Angabe der Örtlichkeit der Messung.
(Zeche, Schacht, Tiefbausohle, Abteilung, Flöz, Strecke oder Lage über Tage)

....

....

Punkt	Brechungs- winkel ° ′ ″	Verbesserter Winkel ° ′ ″	Söhlige Länge m	Bemerkungen

Name des Beobachters: ....

Benutzte Geräte: ....

....

....

....

Handzeichnung.

Datum: ....

Ausführliche Angabe der Örtlichkeit der Messung.
(Zeche, Schacht, Tiefbausohle, Abteilung, Flöz, Strecke oder Lage über Tage)

....
....

Punkt	Brechungswinkel ° ′ ″	Verbesserter Winkel ° ′ ″	Söhlige Länge m	Bemerkungen

Name des Beobachters: ....
Benutzte Geräte: ....
....
....
....

Handzeichnung.

Punkt	Brechungs-winkel ° ′ ″	Verbesserter Winkel ° ′ ″	Söhlige Länge m	Bemerkungen

Handzeichnung.

IX.

Trigonometrische Höhenmessungen.

Bei der trigonometrischen Höhenbestimmung werden die flachen oder söhligen Längen l bezw. s mit einem Längenmeßwerkzeug und die Neigungs- oder Höhenwinkel α der Meßlinien mit einem Winkelmeßinstrument gemessen, um hieraus die Höhenunterschiede (Seigerteufen) h der Meßpunkte (A und B in der Figur) mit Hilfe einer Logarithmentafel oder der Zahlentafel für Sohlen und Seigerteufen berechnen zu können.

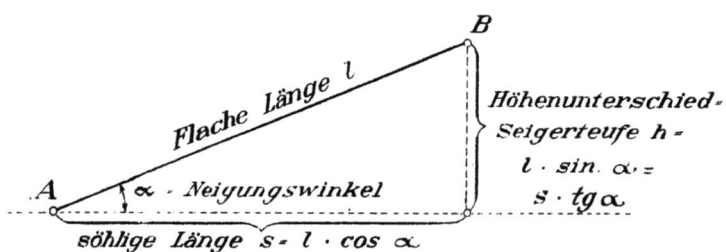

Die Messung wird entweder mit einem einfachen Neigungsmesser (Gradwage, Libellenquadrant, Gradbogen) und einem Längenmeßwerkzeug oder genauer mit dem Höhenkreis des Theodolits und dem Stahlmeßbande ausgeführt.

a) Gradbogenmessung.

Gebraucht werden: Gradbogen, Meßkette, Zollstock, 3 Pfriemen, Nägel und Hammer.

Verfahren: Vom Anfangspunkte der Messung, der durch einen Nagel oder ein Ringeisen bezeichnet wird, spannt man die Kette bis zu einem geeigneten Endpunkte aus und prüft, ob sie frei hängt. Dann mißt man zunächst die Länge und zwar die ganzen Meter durch Ablesen an der Kette, die Zentimeter mit einem Zollstock. Danach wird der Gradbogen angehängt und zwar in der Mitte der Kette, wenn dieselbe nahezu wagerecht ist, dagegen in $^2/_3$ der Länge von unten, wenn die Neigung über 10^0 beträgt. Beim Ablesen der Länge und besonders des Neigungswinkels muß die Kette straff angezogen sein. Da durch sehr starkes Anspannen sich die Kette beträchtlich längt, so benutzt man für die Messung des Neigungswinkels vielfach eine besondere Hanfschnur. Die ganzen Grade werden unmittelbar abgelesen, die Zehntel-Grade an dem herabhängenden Lotfaden geschätzt. Zur Prüfung, ob der Gradbogen fehlerfrei ist, hängt man denselben nach der ersten Ablesung an derselben Stelle um und liest zum zweiten Male ab. Wenn sich kein merklicher Unterschied ergibt, genügt bei der weiteren Messung die einfache Ablesung, jedoch empfiehlt sich die doppelte Ablesung immer, besonders für den ungeübten Beobachter, weil sie vor groben Ablesefehlern schützt und die Genauigkeit der Messung erhöht. Das Mittel aus beiden Ablesungen wird in das Buch eingetragen.

Es ist besonders darauf zu achten, ob der Zug steigt oder fällt, ob also der Neigungswinkel positiv oder negativ ist. Bei größeren Neigungen ist die Bestimmung des Vorzeichens nicht schwer, dagegen findet bei kleinen Neigungswinkeln sehr leicht eine Verwechslung von plus und minus statt. Man vermeidet Irrtümer, wenn man folgende Regel beachtet: Schlägt das Lot des Gradbogens nach dem Anfangspunkte des Zuges hin aus, dann ist der Neigungswinkel positiv (der Zug steigt), schlägt es nach dem Endpunkte aus, dann fällt der Zug (Neigungswinkel negativ).

Bei der Ausführung eines Bremsbergnivellements empfiehlt es sich, alle Züge in eine Richtung zu legen, da sonst noch die Bestimmung jeder einzelnen Zugrichtung mit dem Kompaß erforderlich ist.

Beispiel:

Datum: *27. Mai 1911, Vormittags.*

Ausführliche Angabe der Örtlichkeit der Messung
(Zeche, Schacht, Tiefbausohle, Abteilung, Flöz u. s. w.)

Zeche Germania I, 4. Tiefbausohle, Süden, Hauptabteilung, Flöz 16.
Bremsberg zur Teilsohle.

Punkt	Nr. des Zuges	Gemessene flache Länge l m	Ablesung am Gradbogen = Neigungswinkel α ° +	−	Sohle = $l \cdot \cos\alpha$ m	Seigerteufe = $l \cdot \sin\alpha$ m +	−	Höhe des Punktes $\pm$	m	Abstand des Punktes von der Sohle m
☿		Aus	Mitte	Grund	strecke	und	Bremsberg.	+	1,38	1,38
	1	10,75	49,4		7,93	7,25		+	8,63	2,20
	2	11,37	19,1		10,74	3,72		+	12,35	0,00
	3	12,03	49,5		7,81	9,14		+	21,49	2,18
	4	11,72	22,3		10,85	4,44		+	25,93	0,00
	5	11,24	52,7		6,82	8,94		+	34,87	2,15
	6	10,90	23,0		10,03	4,26		+	39,13	0,00
	7	11,06	51,6		6,87	8,67		+	47,80	2,10
☿										
	Summe	79,07			61,05	46,42				

Name des Beobachters: *Robert Müller.*

Benutzte Geräte: *Gradbogen No. 8081 von Fennel, 20 m Messkette, Zollstock.*

Höhe der Sohle m	Punkt	Bemerkungen und Handzeichnung.
0,00	☌	
6,43		
12,35		
19,31		
25,93		
32,72		
39,13		
45,70	☌	

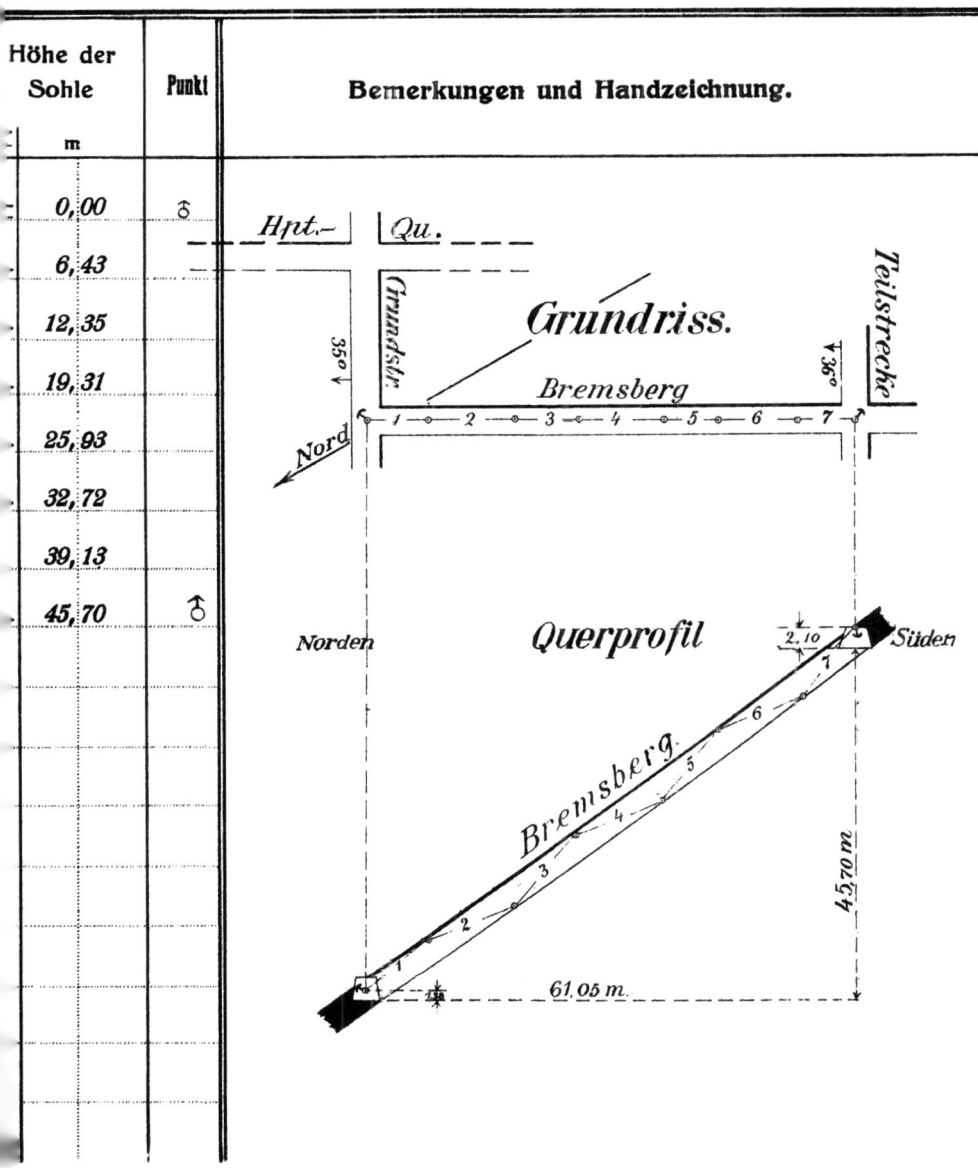

Datum: _____

Ausführliche Angabe der Örtlichkeit der Messung
(Zeche, Schacht, Tiefbausohle, Abteilung, Flöz u. s. w.)

Punkt	Nr. des Zuges	Ablesung am Kompass = Streichen °	Gemessene flache Länge l m	Ablesung am Gradbogen = Neigungswinkel α ° + | −	Sohle $= l \cdot \cos \alpha$ m	Seigerteufe $= l \cdot \sin \alpha$ m + | −	Höhe des Punktes bezogen auf Normal-Null (N.-N.) ± m	Abstand des Punktes von der Sohle m

91

Name des Beobachters: ....

Benutzte Geräte: ....

Höhe der Sohle bezogen auf Normal-Null (N.-N.) m	Punkt	Bemerkungen und Handzeichnung.

Datum: ....

Ausführliche Angabe der Örtlichkeit der Messung
(Zeche, Schacht, Tiefbausohle, Abteilung, Flöz u. s. w.)

Punkt	Nr. des Zuges	Ablesung am Kompass = Streichen °	Ge- messene flache Länge l m	Ablesung am Gradbogen = Neigungs- winkel α °		Sohle = $l \cdot \cos \alpha$ m	Seigerteufe = $l \cdot \sin \alpha$ m		Höhe des Punktes bezogen auf Normal-Null (N.-N.) $\pm$ m	Abstand des Punktes von der Sohle m
				+	−		+	−		

93

Name des Beobachters: ....

Benutzte Geräte: ....

....

....

....

Höhe der Sohle bezogen auf Normal-Null (N.-N.) m	Punkt	Bemerkungen und Handzeichnung.

Punkt	Nr. des Zuges	Ablesung am Kompass = Streichen °	Ge- messene flache Länge l m	Ablesung am Gradbogen = Neigungs- winkel α °		Sohle = $l \cdot \cos\alpha$ m	Seigerteufe = $l \cdot \sin\alpha$ m		Höhe des Punktes bezogen auf Normal-Null (N.-N.) m	Abstand des Punktes von der Sohle m
				+	−		+	−	±	

Höhe der Sohle bezogen auf Normal-Null (N.-N.) m	Punkt	Bemerkungen und Handzeichnung.

b) Höhenwinkelmessung mit einem Theodolit.

Gebraucht werden: Theodolit mit Höhenkreis, Stativ oder Tellerarme, Lote, Signale.

Verfahren: Der Theodolit wird in der im Abschnitt V b beschriebenen Weise genau über oder unter dem Anfangspunkt der Meßlinie wagerecht aufgestellt. Man richtet das Fernrohr auf den Endpunkt der Linie, läßt die Höhenkreislibelle mit ihrer Feinstellschraube scharf einspielen und bringt den Fadenkreuzpunkt im Fernrohr mit dem vielfach durch ein Signal bezeichneten Höhenzielpunkt zur Deckung. In der Grube benutzt man, falls ein besonderes Signal nicht zur Verfügung steht, als Höhenzielpunkt die Spitze der aufgehängten Lote oder einen wagerecht durch den Lotfaden gesteckten kleinen Nagel, an dem auch bei nachfolgender Längenmessung das Stahlmeßband angehalten wird. Sodann liest man an beiden Zeigern (Nonien oder Mikroskope) des Höhenkreises ab und wiederholt die Messung in der 2. Fernrohrlage. Das Mittel aus den Ablesungen in beiden Fernrohrlagen ergibt den gesuchten Neigungswinkel, sofern der Höhenkreis bei horizontalem Fernrohr von der wagerechten Nullinie aus nach beiden Seiten von 0^0 bis 90^0 beziffert ist. Hat man jedoch, wie in dem nachfolgenden Beispiel, durchgehende Bezifferung von 0^0 bis 360^0, wobei bei horizontalem Fernrohr die 0^0-180^0 Linie wagerecht liegt, so muß man bei einer Ablesung über 90^0 zunächst die Unterschiede gegen 180^0 bezw. 360^0 bilden. Liegt dagegen die Nullinie bezw. 0^0-180^0 Linie der Teilung bei horizontalem Fernrohr lotrecht, so erhält man statt des Neigungswinkels die Zenitdistanz, d. h. den Winkel, den die Zielachse mit der Senkrechten einschließt.

Für die Ermittlung des Höhenunterschiedes muß der senkrechte Abstand der Kippachse des Fernrohrs vom Anfangspunkt und die lotrechte Entfernung der Zielmarke vom Endpunkt der Linie gemessen und berücksichtigt werden (siehe Handzeichnung S. 99). Zur Prüfung des Höhenunterschiedes wird die Messung im Endpunkte der Linie in gleicher Weise rückwärts wiederholt.

Beispiel:
Datum: *15. Juni 1921, nachm.*

Ausführliche Angabe der Örtlichkeit der Messung.
(Zeche, Schacht, Tiefbausohle, Abteilung, Flöz, Strecke oder Lage über Tage)
*Zeche Pluto, 2. Tiefbausohle, Norden, 2. westl. Abteilung, Flöz 10,
Grundstrecke nach Osten, Überhauen.*

Stand- punkt	Ziel- punkt	Ablesungen am Teilkreis															
		Fernrohrlage I								Fernrohrlage II							
		Zeiger A			Zeiger B		Mittel			Zeiger A			Zeiger B		Mittel		
		°	′	″	′	″	°	′	″	°	′	″	′	″	°	′	″
P.M. 11	P.M. 10	26	08	00	08	30	26	08	15	153	52	00	52	30	153	52	1
										Unterschied gegen 180° =					26	07	4
P.M. 11	P.M. 12	329	25	30	26	30	329	26	00	210	34	30	35	30	210	35	0
		Unterschied gegen 360° =		30	34	00		Unterschied gegen 180° =					30	35	0

Name des Beobachters: *Karl Schmidt.*

Benutzte Geräte: *Gruben-Theodolit No. 54482 von Hildebrand mit Stativ, 5 Loten und Blenden.*

Neigungswinkel = Mittelwert aus den beiden Fernrohrlagen			Bemerkungen und Handzeichnung.
°	′	″	
26	08	00	
30	34	30	

Nord — Süd

P.M.11, nach P.M.12

$\alpha_2 = 30°34'30''$, $b = 0{,}96$

$\alpha_1 = 26°08'0''$

$l_2 = 19{,}24\,m$

$l_1 = 22{,}58\,m$

flache Länge $41{,}82\,m$

Höhenunterschied $h - a + b = 18{,}94$

$h = l \sin \alpha = 18{,}42$

P.M.10, $a = 0{,}44$

Datum: _____

Ausführliche Angabe der Örtlichkeit der Messung.
(Zeche, Schacht, Tiefbausohle, Abteilung, Flöz, Strecke oder Lage über Tage)

Stand- punkt	Ziel- punkt	Ablesungen am Teilkreis					
		Fernrohrlage I			Fernrohrlage II		
		Zeiger A	Zeiger B	Mittel	Zeiger A	Zeiger B	Mittel
		° ′ ″	′ ″	° ′ ″	° ′ ″	′ ″	° ′ ″

Name des Beobachters:

Benutzte Geräte:

Neigungs- winkel = Mittel- wert aus den beiden Fernrohrlagen	
° ′ ″	

Datum: _____

Ausführliche Angabe der Örtlichkeit der Messung.
(Zeche, Schacht, Tiefbausohle, Abteilung, Flöz, Strecke oder Lage über Tage)

Stand-punkt	Ziel-punkt	Ablesungen am Teilkreis						
		Fernrohrlage I			Fernrohrlage II		
		Zeiger A	Zeiger B	Mittel	Zeiger A	Zeiger B	Mittel
		° ′ ″	′ ″	° ′ ″	° ′ ″	′ ″	° ′ ″

Name des Beobachters: ....

Benutzte Geräte: ....
....
....
....

Neigungs- winkel = Mittel- wert aus den beiden Fernrohrlagen			Bemerkungen und Handzeichnung.
°	′	″	

X.
Nivellements.

Die geometrische Höhenmessung oder das Nivellement besteht in der Messung der senkrechten Abstände der Punkte von einer horizontalen Ziellinie (Sehachse des Nivellierfernrohrs) aus. Der Unterschied zweier zusammengehöriger Abstände ergibt den gesuchten Höhenunterschied. Die Berechnung aller Höhenunterschiede des Nivellements sowie der Höhenzahlen, d. h. der senkrechten Abstände der Höhenpukte von der mittleren Meereshöhe (Normal, Null, N. N.) erfolgt entweder nach Steigen und Fallen, siehe Beispiel I oder nach Horizont und Höhe, siehe Beispiel II.

Man unterscheidet Festpunkt-, Längen- und Flächennivellements. Bei ersterem ist die grundrißliche Lage der Punkte zueinander ohne Bedeutung. Es handelt sich lediglich um die Feststellung der Höhenlage von Festpunkten über oder unter Tage, bezogen auf Normal Null. Vor Ausführung eines Längen- oder Flächennivellements ist dagegen die gegenseitige Lage der Höhenpunkte durch geeignete Lagemessungen festzulegen.

Das Längennivellement bezweckt die Ermittlung der Steigungsverhältnisse eines Weges, einer Eisenbahnlinie über Tage oder einer söhligen Strecke unter Tage. Es liefert die Unterlagen für die Herstellung eines Längenprofils, um z. B. den Auf- und Abtrag des Bodens daraus entnehmen zu können.

Das Flächennivellement gibt Aufschluß über die wirkliche Bodengestalt, deren Kenntnis für die Aufstellung von Bebauungsplänen, Be- und Entwässerungsanlagen, für die Inhaltsberechnung von Halden, Teichen, beim Tagebau für die Feststellung der geförderten Mineralmengen bezw. des Abraums notwendig ist.

In den nachfolgenden Beispielen haben nur einfache Nivellierinstrumente mit fest verbundenen Teilen Berücksichtigung gefunden.

a) Festpunktnivellement.

Gebraucht werden: Nivellierinstrument mit Stativ, Nivellierlatte und über Tage eine Bodenplatte (Untersatz).

Verfahren: Zunächst stellt man an geeigneter Stelle das Stativ so auf, daß der Stativteller annähernd wagerecht ist, darauf werden die eisernen Spitzen der Stativbeine fest in den Boden eingetreten und die Flügelschraube des Stativkopfes fest angezogen. Sodann wird das Nivellierinstrument mit der Stativschraube leicht angeschraubt, das Fernrohr in die Ebene zweier Fußschrauben gedreht und die parallel zum Fernrohr angebrachte Röhrenlibelle mit Hilfe dieser beiden Fußschrauben zum Einspielen gebracht. Darauf dreht man das Fernrohr um 90° in die Richtung der 3. Fußschraube und bringt die Libelle mit Hilfe dieser Fußschraube abermals zum Einspielen. Dieses Verfahren wird so lange wiederholt, bis die Libelle in jeder Lage des Fernrohres einspielt. Nach erfolgter Wagerechtstellung wird das Fadenkreuz durch vorsichtiges Drehen der Okularlinse scharf eingestellt, die Nivellierlatte, die auf dem ersten Höhenpunkte lotrecht aufgestellt wird, angezielt, das Lattenbild mit Hilfe des Okularauszuges deutlich gemacht, die Röhrenlibelle nochmals genau zum Einspielen gebracht und derjenige Skalenteil der Latte abgelesen, der von dem horizontalen Faden des Fadenkreuzes gedeckt wird. Da das Lattenbild im Fernrohr umgekehrt erscheint, so wird stets von oben nach unten nacheinander auf Meter, Dezimeter und Zentimeter abgelesen, die Millimeter werden geschätzt. Es ist besonders darauf zu achten, daß bei jeder Ablesung die Libelle genau einspielt und die Latte lotrecht steht. Die erste Ablesung wird in die Spalte „rückwärts" des Beobachtungsbuches eingeschrieben. Darauf wird die Latte weggenommen und möglichst in gleicher Entfernung (Zielweite) vom Instrumentenstand aus auf den 2. Punkt gestellt. Falls die Latte nicht auf einem Höhenfestpunkt aufgestellt werden kann, so setzt man sie über Tage auf einen eisernen Untersatz, der vorher fest in den Boden eingetreten wird; unter Tage stellt man die Latte auf die Schienenoberkante der Förderbahn. Die 2. Ablesung wird unter „vorwärts" eingetragen. Jedoch kann man von einem Instrumentenstande aus mehrere Punkte beobachten, von denen dann die letzte Ablesung unter „vorwärts" zu schreiben ist, während die Zwischenpunkte in die mittlere Spalte kommen. Zwischen der ersten und letzten Ablesung muß das Instrument stehen bleiben, und darf seine Höhe nicht ändern. Nach der letzten (Vorwärts-) Ablesung löst man die Flügelschrauben des Stativs, trägt das Instrument in aufrechter Lage zum nächsten Standpunkt, liest nach erfolgter Wagerechtstellung die auf dem Untersatz stehen gebliebene Latte (Wendepunkt) „rückwärts" ab und setzt die Messung in der oben beschriebenen Weise fort. Wird der Instrumentenstand gewechselt, so muß die Latte bezw. der Untersatz stehen bleiben, da sonst die Anschlußhöhe verloren geht. Die Entfernung zwischen Instrumentenstand und Latte — die Zielweite — wird durch Abschreiten ermittelt. Sie richtet sich nach den örtlichen Verhältnissen, soll aber in der Regel nicht mehr wie 50 m betragen.

Man nivelliert nach Möglichkeit „mit gleichen Zielweiten", da nur dann ein Fehler in der Berechnung des Höhenunterschiedes vermieden wird, der dadurch entsteht, daß bei Nichtparallelität der Libellen- und Zielachse des Instrumentes also bei geneigter Ziellinie entweder zu große oder zu kleine Abstände an der Latte abgelesen werden.

Beispiel I.

für die Berechnung nach Steigen und Fallen.

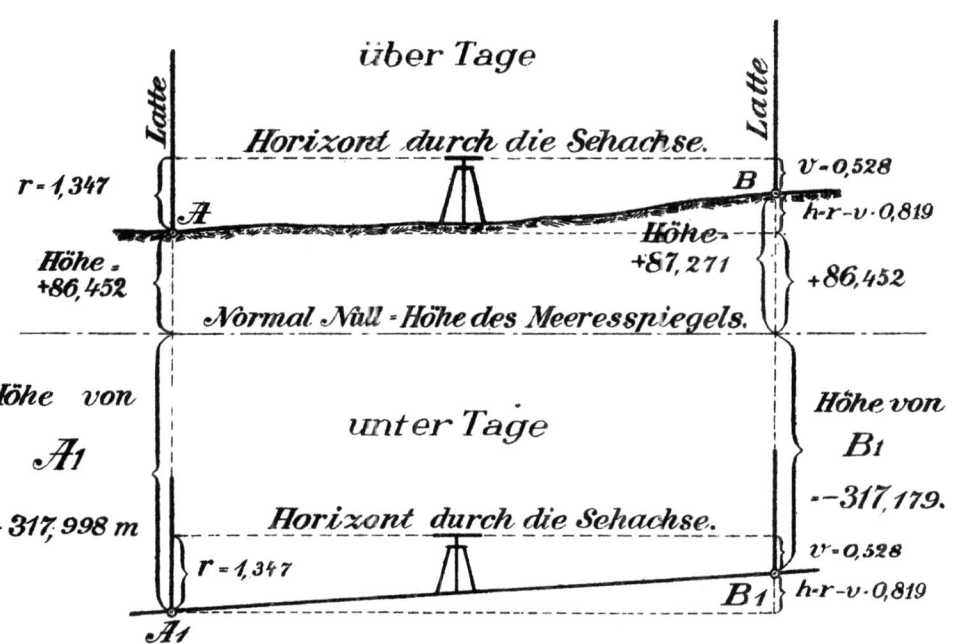

Die Richtung der Messung geht von A nach B bezw. von A_1 nach B_1

- r = Rückwärtsablesung
- v = Vorwärtsablesung
- h = Höhenunterschied

Datum: *15. August 1921, vorm.*

Ausführliche Angabe der Örtlichkeit der Messung.
(Zeche, Schacht, Tiefbausohle, Abteilung, Flöz, Strecke oder Lage über Tage)

Festpunktnivellement zur Bestimmung der Höhenlage von 5 Bolzen an den Bergschulgebäuden zu Bochum.

Punkt	Lattenablesungen			Steigen (+)	Fallen (−)	Höhe bezogen auf Normal-Null (N.-N.) ±	Punkt
	rückwärts m	bei Zwischen-Punkten m	vorwärts m	m	m	m	
	Aus Höhenbolzen an der Ecke Brück- und Herner Straße.						
Bolzen a	0,227					+ 86,075	Bolzen a
			1,802		1,575	+ 84,500	
	0,626						
			2,198		1,572	+ 82,928	
	0,766						
			1,999		1,233	+ 81,695	
	1,242						
Bolzen 1		0,617		0,625		+ 82,320	Bolzen 1
Bolzen 2		0,674			0,057	+ 82,263	Bolzen 2
			0,987		0,313	+ 81,950	
	1,118						
Bolzen 3		0,529		0,589		+ 82,539	Bolzen 3
			1,480		0,951	+ 81,588	
	1,012						
Bolzen 4		0,559		0,453		+ 82,041	Bolzen 4
	0,306						
Bolzen 5			0,919		0,613	+ 81,428	Bolzen 5
	5,297		9,944	1,667	6,314		
		−4,647			−4,647		

Name des Beobachters: *Wilhelm Reimer.*

Benutzte Geräte: *Nivellierinstrument No. 6237 von Fennel, 4 m Nivellierlatte.*

Bemerkungen und Handzeichnung.

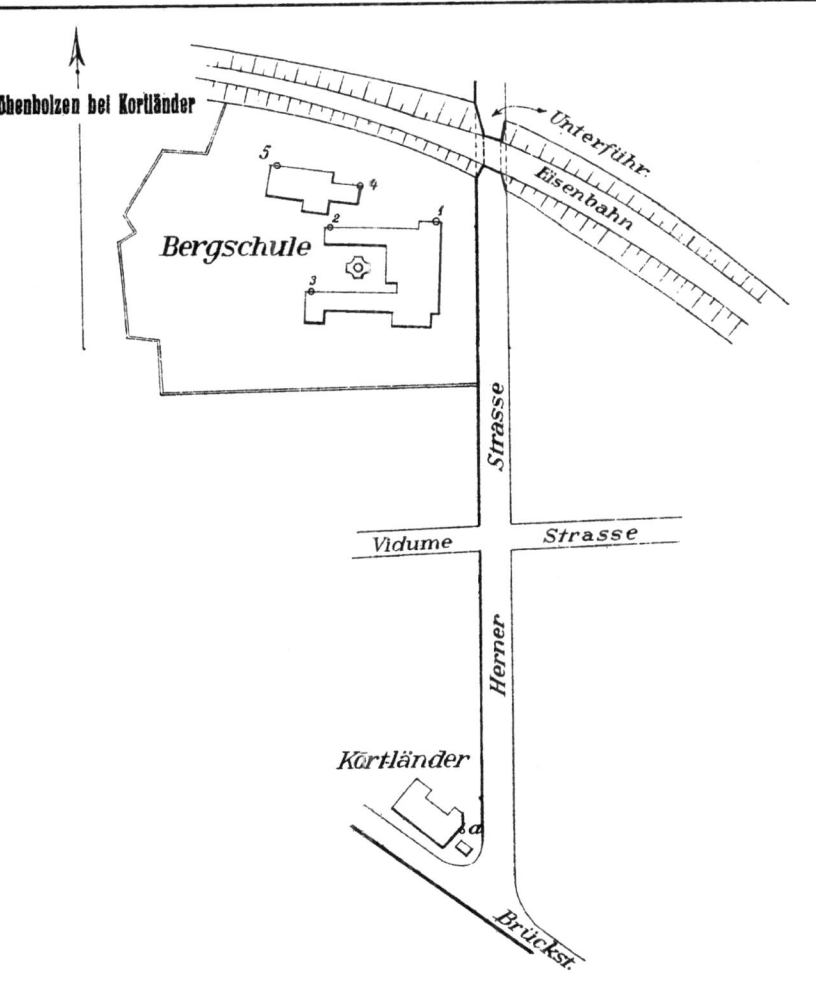

Datum: ....

Ausführliche Angabe der Örtlichkeit der Messung.
(Zeche, Schacht, Tiefbausohle, Abteilung, Flöz, Strecke oder Lage über Tage)

Punkt	Lattenablesungen			Steigen (+)	Fallen (—)	Höhe bezogen auf Normal-Null (N.-N.)	Punkt
	rückwärts	bei Zwischen-Punkten	vorwärts				
	m	m	m	m	m	± m	

Name des Beobachters:

Benutzte Geräte:

Bemerkungen und Handzeichnung.

Datum: ....

Ausführliche Angabe der Örtlichkeit der Messung.
(Zeche, Schacht, Tiefbausohle, Abteilung, Flöz, Strecke oder Lage über Tage)

Punkt	Lattenablesungen			Steigen (+)	Fallen (−)	Höhe bezogen auf Normal-Null (N.-N.)	Punkt
	rückwärts	bei Zwischen-Punkten	vorwärts			±	
	m	m	m	m	m	m	

Name des Beobachters: ....

Benutzte Geräte: ....

....

....

....

Bemerkungen und Handzeichnung.

Punkt	Lattenablesungen			Steigen (+)	Fallen (−)	Höhe bezogen auf Normal-Null (N.-N.)		Punkt
	rückwärts m	bei Zwischen-Punkten m	vorwärts m	m	m	±	m	

Bemerkungen und Handzeichnung.

b) Längennivellement.

Gebraucht werden: Nivellierinstrument mit Stativ, Nivellierlatte, Meßband und ferner über Tage eine Bodenplatte.

Verfahren:

a) Ueber Tage: Zunächst wird die Mittellinie (Achse) des Weges oder der Bahnstrecke abgesteckt, in gleiche Abschnitte eingeteilt, verpflockt und die Entfernung der Teilpunkte vom Anfangspunkt der Linie unmittelbar aufgeschrieben. Die Abstände der Teilpunkte untereinander richten sich nach den örtlichen Verhältnissen. Sie schwanken zwischen 10 und 50 m. Außer den Teilpunkten müssen alle Brechpunkte der Linie, in denen sich das Gefälle stark ändert, miteingemessen werden.

Das Nivellierinstrument wird in der im Abschnitt X a beschriebenen Weise etwa 50 m vom Anfangspunkt etwas seitlich der Mittellinie aufgestellt. Man zielt nun die auf dem Ausgangspunkt der Messung stehende Latte an, liest auf Millimeter ab und schreibt die Zahl in die Spalte „rückwärts". Sodann werden der Reihe nach sämtliche Teil- und Brechpunkte, die innerhalb der gewählten Zielweite von 100 m liegen, einnivelliert, indem man die Latte an diesen Punkten unmittelbar auf den Boden stellt und auf Zentimeter abliest. Die Ablesungen werden in die mittlere Spalte (bei Zwischenpunkten) eingetragen. Ist der letzte Teilpunkt innerhalb der gewählten Zielweite erreicht, so stellt man die Latte auf eine Bodenplatte in der Nähe dieses Punktes auf, liest auf Millimeter ab und schreibt die Zahl in die Spalte „vorwärts". Nach der letzten Ablesung wird der Instrumentenstand gewechselt, die auf dem Wendepunkt stehen gebliebene Latte rückwärts auf Millimeter abgelesen und sodann die folgenden Teil- und Brechpunkte der Linie einnivelliert.

b) Unter Tage ist die Absteckung einer besonderen Mittellinie in den Strecken nicht notwendig. Die Teilpunkte erhält man durch Abmessen der gewählten gleichen Abstände von 5, 10 oder 20 m auf der Schienenoberkante der Förderbahn. Es ist zweckmäßig, die Entfernungen der Teilpunkte vom Anfangspunkt mit Kreide an den Stoß oder an die Firste zu schreiben bezw. Täfelchen mit entsprechender Bezeichnung anzubringen. Vielfach werden auch die lotrechten Abstände der Punkte von der Schienenoberkante bis zur Firste gemessen.

Das Nivellement selbst wird in gleicher Weise wie über Tage ausgeführt, jedoch benutzt man in der Grube eine entsprechend kürzere Nivellierlatte. Sollen die Höhenzahlen der Teilpunkte, bezogen auf Normal Null, berechnet werden, so muß das Längennivellement an einen bekannten Höhenpunkt der Grube angeschlossen werden. Für die Konstruktion des Längenprofils genügt es meist, die Höhenlage der Teilpunkte auf die Höhe des Anfangspunktes zu beziehen.

Beispiel II.

für die Berechnung nach Horizont und Höhe.

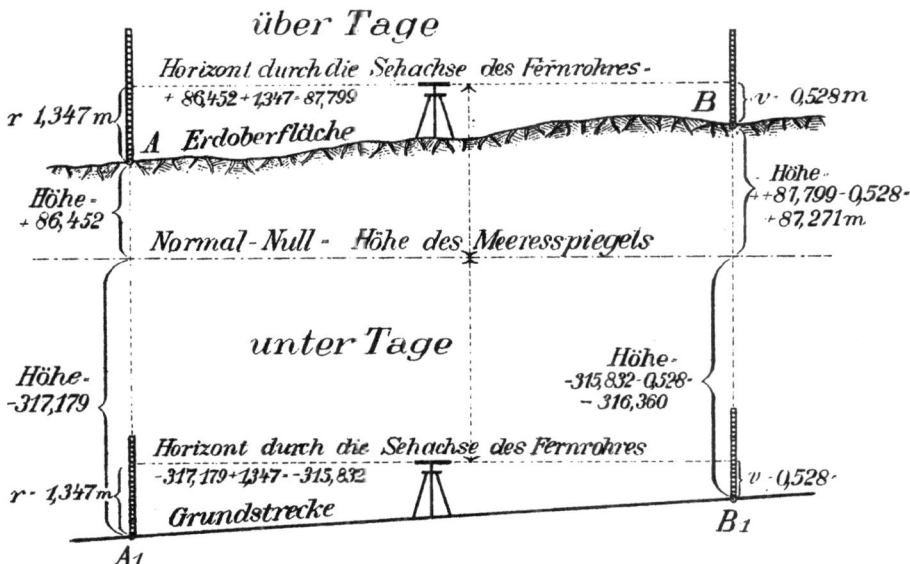

→ Die Richtung der Messung geht von A nach B
bezw. von A₁ nach B₁.

r = Rückwärtsablesung
v = Vorwärtsablesung
h = Höhenunterschied

Beispiel:

Datum: *18. August 1921 vorm.*

Ausführliche Angabe der Örtlichkeit der Messung.
(Zeche, Schacht, Tiefbausohle, Abteilung, Flöz, Strecke oder Lage über Tage)

Zeche General Blumenthal III/IV, 3. Tiefbausohle, Süden. Haupt-Abteilung, Flöz Bismarck, Grundstrecke nach Osten, Längennivellement.

Punkt (Entfernung vom Anfangspunkt in m)	Lattenablesungen			Horizont- (Höhe + rückwärts)		Höhe		Punkt (Entfernung vom Anfangspunkt in m)
	rückwärts m	bei Zwischen-Punkten m	vorwärts m	±	m	±	m	
		Aus Mitte Hauptquerschlag und Grundstrecke.						
0	1,230			+	1,230	+	0,00	0
20		1,08				+	0,15	20
40		0,95				+	0,28	40
60		0,83				+	0,40	60
80		0,73				+	0,50	80
100			0,682			+	0,548	100
	0,983			+	1,531			
120		1,03				+	0,50	120
140		1,18				+	0,35	140
160		1,24				+	0,29	160
180		1,26				+	0,27	180
200			1,204			+	0,327	200
	0,876			+	1,203			
	usw.							

Name des Beobachters: *Gerhard Kruse.*

Benutzte Geräte: *Nivellierinstrument No. 7294 von Fennel, 1,5 m Nivellierlatte, Messband.*

Bemerkungen und Handzeichnung.

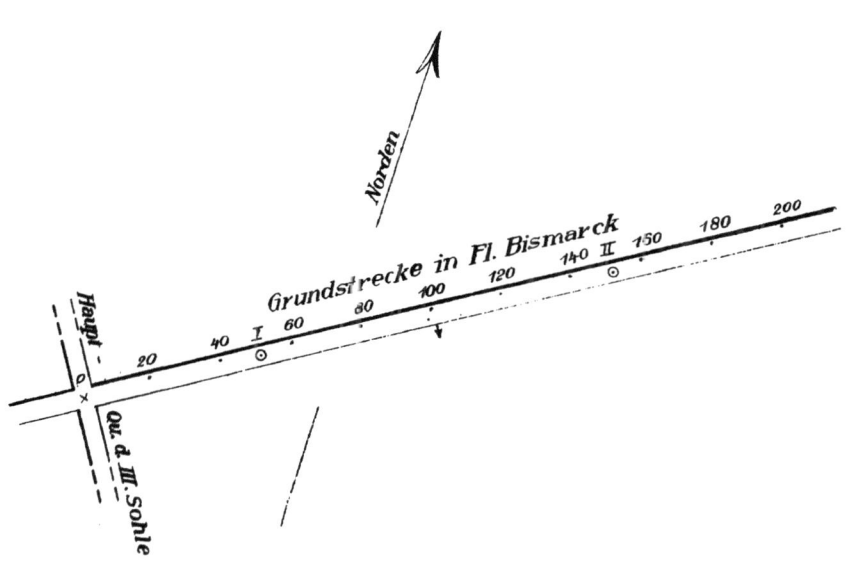

Bemerk. ⊙ I = *1. Aufstellung des Nivellierinstrumentes.*
⊙ II = *2.   „   „   „*

Datum: ....

Ausführliche Angabe der Örtlichkeit der Messung.
(Zeche, Schacht, Tiefbausohle, Abteilung, Flöz, Strecke oder Lage über Tage)

....
....

Punkt (Entfernung vom Anfangspunkt in m)	Lattenablesungen			Horizont- (Höhe + rückwärts)	Höhe	Punkt (Entfernung vom Anfangspunkt in m)
	rückwärts m	bei Zwischen-Punkten m	vorwärts m	± m	± m	

Name des Beobachters:

Benutzte Geräte:

Bemerkungen und Handzeichnung.

Punkt (Entfernung vom Anfangspunkt in m)	Lattenablesungen			Horizont- (Höhe + rückwärts)		Höhe		Punkt (Entfernung vom Anfangspunkt in m)
	rückwärts m	bei Zwischen-Punkten m	vorwärts m	±	m	±	m	

Bemerkungen und Handzeichnung.

Datum: ....

Ausführliche Angabe der Örtlichkeit der Messung.
(Zeche, Schacht, Tiefbausohle, Abteilung, Flöz, Strecke oder Lage über Tage)

Punkt (Entfernung vom Anfangspunkt in m)	Lattenablesungen			Horizont- (Höhe + rückwärts)	Höhe	Punkt (Entfernung von Anfangspunkt in m)
	rückwärts m	bei Zwischen-Punkten m	vorwärts m	± m	± m	

Name des Beobachters: ....

Benutzte Geräte: ....

....

....

....

Bemerkungen und Handzeichnung.

Punkt (Entfernung vom Anfangspunkt in m)	Lattenablesungen			Horizont- (Höhe + rückwärts)		Höhe	Punkt (Entfernung vom Anfangspunkt in m)
	rückwärts m	bei Zwischen-Punkten m	vorwärts m	±	m	m	

XI. Aufnahme von Gebirgsschichten.

Gebraucht werden: Stahlmeßband, Meßkette, Zollstock, Hängezeug, 3 Pfriemen, Nägel und Hammer.

Verfahren: Das Meßband wird von einem vorhandenen Meßpunkte oder Kreuzpunkt zweier Strecken aus auf der Sohle des Querschlages ausgespannt, entweder durch die Mitte oder an einem Stoß vorbei. Dann werden die Grenzflächen der verschiedenen Gebirgsschichten an beiden Stößen in der Sohle ermittelt und mit der Kette verbunden. Der Schnittpunkt der letzteren mit dem in der Mitte des Querschlages liegenden Meßband wird für jede Gebirgsschicht abgelesen und in die Handzeichnung eingetragen. Ist das Band an einem Stoß vorbeigelegt, so kann die Ablesung unmittelbar erfolgen.

Da die einzelnen Schichten des Nebengesteins nahezu parallel zu den Flözen verlaufen, so genügt es im allgemeinen, das Streichen und Fallen der durchfahrenen Flöze und Störungen aufzunehmen. Zur Ermittlung des Streichens, d. h. des Winkels, der von der Magnetnadelrichtung und der Streichlinie gebildet wird, muß zunächst die Streichlinie aufgesucht werden, d. h. eine wagerechte Linie, die beim Flöz parallel zum Hangenden oder Liegenden, bei einer Störung in der Ebene derselben verläuft. Man verbindet zu diesem Zweck den am rechten und linken Stoß des Querschlages sichtbaren Aufschluß des Flözes oder der Störung durch eine söhlig ausgespannte Kette oder Schnur so, daß letztere stets mit der hangenden bezw. liegenden Grenzfläche des Aufschlusses parallel läuft, indem man z. B. die Schnur von einem Punkt des Hangenden am rechten Stoß zu einem entsprechenden Punkt des Hangenden am linken Stoß auszieht. Die Lage der Schnur wird am besten durch einen angehängten Gradbogen geprüft, der bei genau wagerechter Schnur die Ablesung 0° ergeben muß. Alsdann hängt man den Kompaß so an die Schnur, daß die Magnetnadel nicht von etwa in der Nähe befindlichen Eisenteilen abgelenkt wird. Es ist dabei jedoch gleichgültig, ob der Nullpunkt der Kompaßteilung zum rechten oder linken Stoß zeigt. Die Ablesung an der Nordspitze der frei beweglichen Nadel ergibt den gesuchten Streichwinkel.

Zur Ermittlung des Fallens oder des Einfallwinkels werden die Haken des Gradbogens unter das freigelegte Hangende des Flözes oder der Störung rechtwinklig zum Streichen in der Richtung des größten Gefälles gehalten. Die Hakenlinie wird hierbei so lange seitwärts gedreht, bis man am Lotfaden den größten Fallwinkel abliest. Ist das Flöz oder die Störung spitzwinklig durchfahren, so empfiehlt es sich zunächst die Fallinie aufzusuchen, indem man an die wagerechte Streichlinienschnur eine zweite Schnur knüpft und letztere in der Richtung des Einfallens rechtwinklig zur Streichlinienschnur ausspannt, d. h. an dem in der Sohle sichtbaren Aufschluß anhält. Die Ablesung an dem angehängten Gradbogen ergibt dann das gesuchte Fallen.

Die Mächtigkeit der Flöze wird rechtwinklig zum Hangenden und Liegenden gemessen; man beginnt immer am Hangenden, damit in bezug auf die Lage etwaiger Bergemittel im Flöz keine Verwechslungen vorkommen.

In Schächten und Aufbrüchen wird das Meßband zweckmäßig an einem Stoß vorbeigezogen. Im übrigen ist das Verfahren dasselbe wie bei Querschlagaufnahmen.

Sehr wichtig ist es, von jeder Gebirgsschichtenaufnahme eine gute Handzeichnung möglichst im Grund- und Aufriß zu entwerfen.

Beispiel:
Datum: *31. Mai 1911, Vormittags.*

Ausführliche Angabe der Örtlichkeit der Messung
(Zeche, Schacht, Tiefbausohle, Abteilung, Querschlag, Aufbruch oder dgl.)
Unser Fritz I/IV, 4. Tiefbausohle, Hauptquerschlag nach Süden..

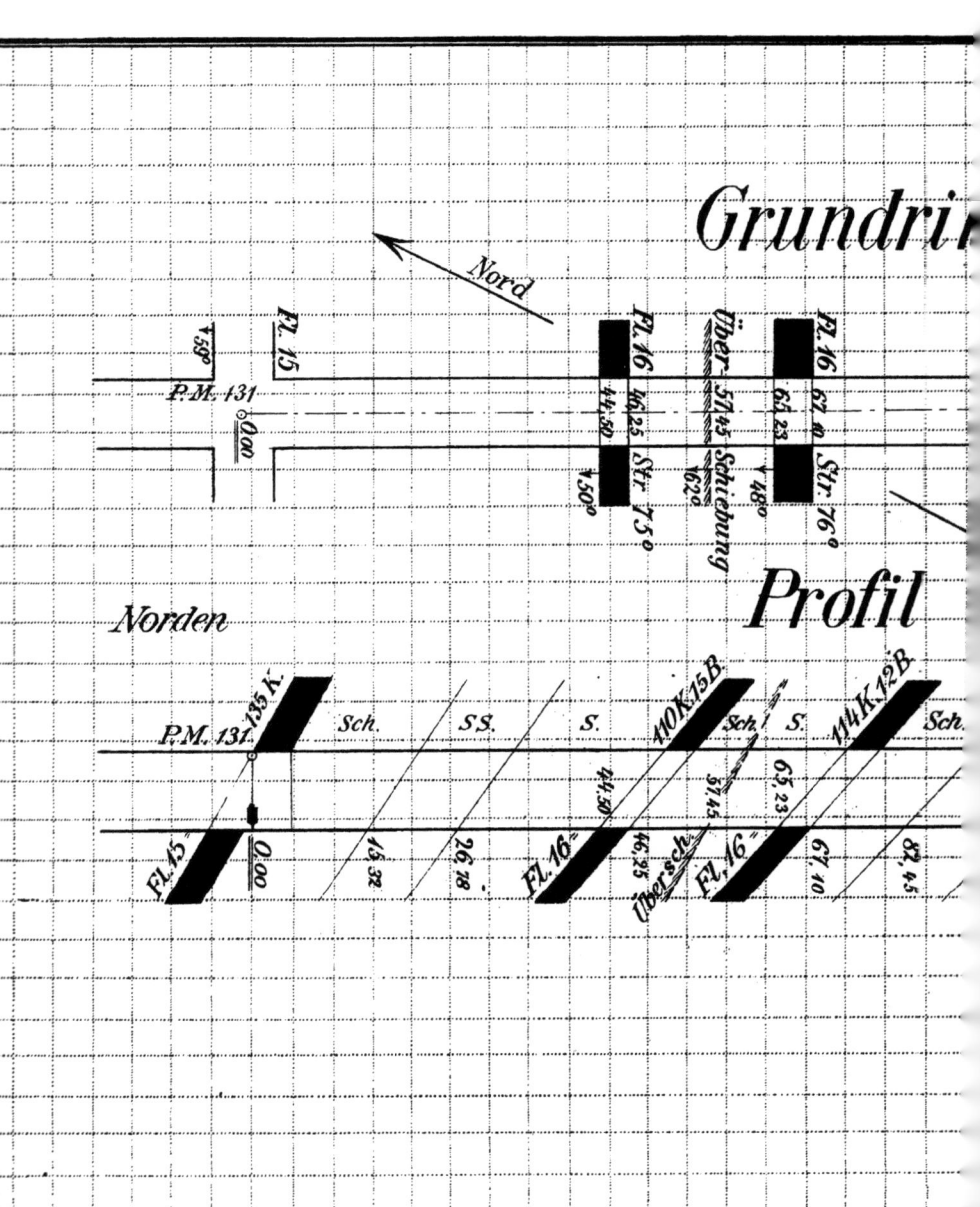

Name des Beobachters: *Otto Weber.*

Benutzte Geräte: *20 m Stahlmessband, 20 m Messkette, Hängezeug No. 8230 von Fennel, Zollstock und Pfriemen.*

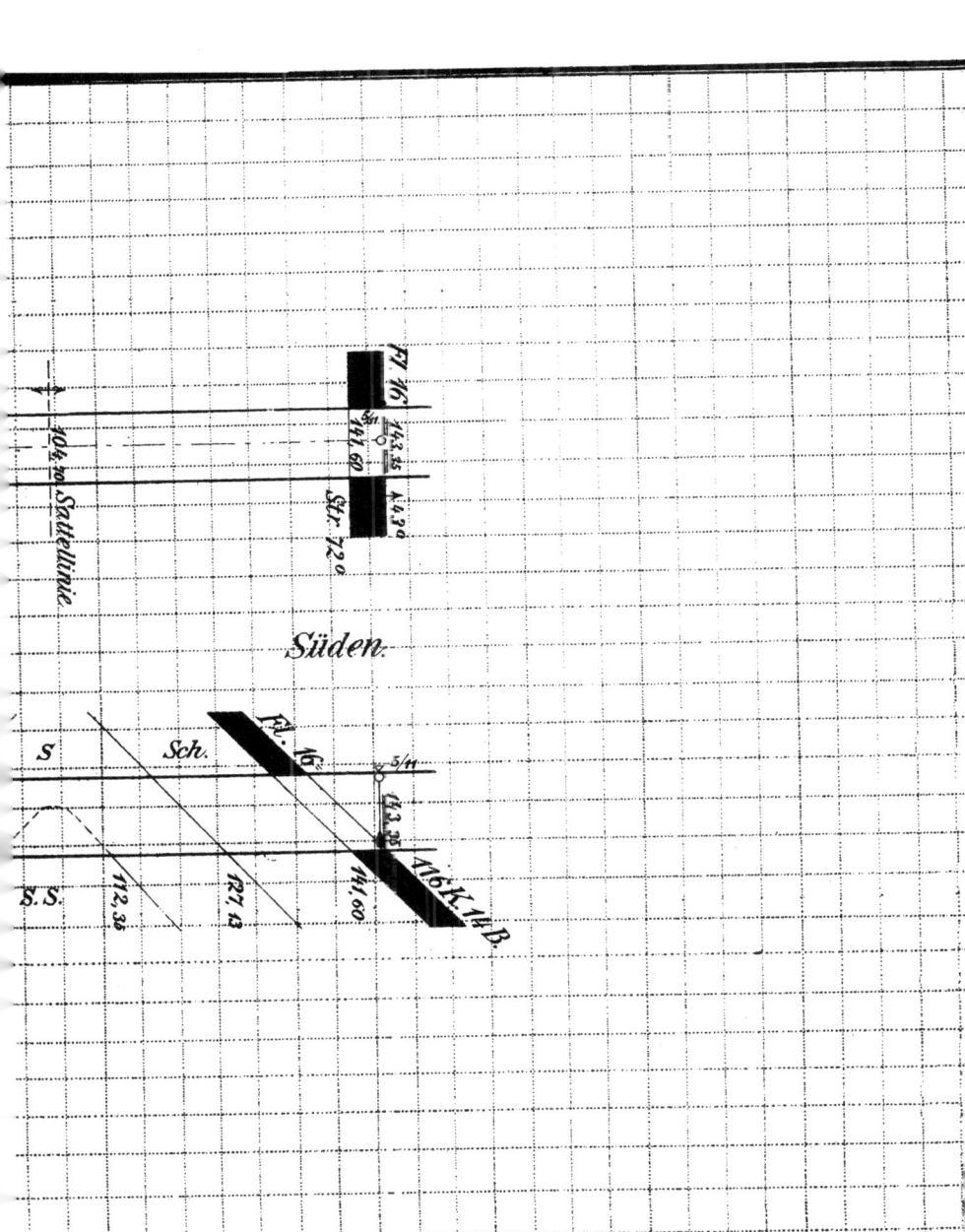

Datum: ....

Ausführliche Angabe der Örtlichkeit der Messung
(Zeche, Schacht, Tiefbausohle, Abteilung, Querschlag, Aufbruch oder dgl.)

Name des Beobachters:

Benutzte Geräte:

Datum: ....

Ausführliche Angabe der Örtlichkeit der Messung
(Zeche, Schacht, Tiefbausohle, Abteilung, Querschlag, Aufbruch oder dgl.)

....
....

Name des Beobachters: ....

Benutzte Geräte: ....

Datum: ....

Ausführliche Angabe der Örtlichkeit der Messung
(Zeche, Schacht, Tiefbausohle, Abteilung, Querschlag, Aufbruch oder dgl.)

135

Name des Beobachters: ....

Benutzte Geräte: ....

XII.
Verschiedene Aufgaben.

138

139

140

141

143

MIX
Papier aus verantwortungsvollen Quellen
Paper from responsible sources
FSC® C105338

If you have any concerns about our products,
you can contact us on
ProductSafety@springernature.com

In case Publisher is established outside the EU,
the EU authorized representative is:
**Springer Nature Customer Service Center GmbH
Europaplatz 3, 69115 Heidelberg, Germany**

Printed by Libri Plureos GmbH
in Hamburg, Germany